ANTARCTIC

给女儿的信

张少华 著

南极科考170天

中国科学技术大学出版社

U0259090

内 容 简 介

本书为一位参与了我国南极科学考察的年轻科学家写给双胞胎女儿的信的合集,信中介绍了生动有趣的南极生物,在"雪龙"号科考船上发生的有趣故事,南极科考期间队员们的生活,以及其中蕴含的科学知识。全书照片均为作者在南极科学考察过程中拍摄的,全书图文并茂,以期通过图文结合的方式、风趣幽默的语言、简洁明了的表述,让青少年更为清晰地了解生动有趣的南极以及国家科学考察工作的不易。本书适合中小学生阅读。

图书在版编目(CIP)数据

给女儿的信:南极科考 170 天/张少华著. —合肥:中国科学技术大学出版社,2024.1
ISBN 978-7-312-05691-8

Ⅰ. 给… Ⅱ. 张… Ⅲ. 南极—科学考察—中国—青少年读物 Ⅳ. N816.61-49

中国国家版本馆 CIP 数据核字(2023)第 130433 号

给女儿的信：南极科考 170 天
GEI NÜ'ER DE XIN：NANJI KEKAO 170 TIAN

出版	中国科学技术大学出版社
	安徽省合肥市金寨路 96 号,230026
	http://press. ustc. edu. cn
	https://zgkxjsdxcbs. tmall. com
印刷	安徽国文彩印有限公司
发行	中国科学技术大学出版社
开本	787 mm×1092 mm 1/12
印张	12.5
字数	156 千
版次	2024 年 1 月第 1 版
印次	2024 年 1 月第 1 次印刷
定价	68.00 元

转眼间，从南极回来已三年有余，这本小册子也终于到了付梓之际。

我研究的主要方向是南极天文学，里面包含了两个大家颇为向往或顿感神秘的领域："南极"和"天文"。科学家们经过长期观测，已经证实目前地球上最佳的天文观测地是位于南极冰穹 A 的中国南极昆仑站。在昆仑站搭建大望远镜是我的梦想，也是"南极"与"天文"最完美的结合，更是我读完天体物理博士之后，到中国极地研究中心工作的主要原因。2019 年 10 月，随中国第 36 次南极考察队出征南极，是我圆梦的开始。后来因个人原因我来到大学工作，也一直为南极天文的发展努力着，希望贡献出自己的一份微薄之力。

在南极考察期间给两个女儿写信并非计划之中的事情。出发南极前已备好铱星手机，原计划是经常和两个女儿打电话以解思念。但很快就发现卫星信号差，电话没有那么通畅，另外又受到时差的影响，我方便打电话的时候她俩常常在学校或是睡觉，所以很多时候并不能如愿和女儿通话，书信反而成为了更好的方式。当时两个女儿都在幼儿园小班，就像第一封信中提到的，在机场分别时她们"并未意识到在未来近半年的时光里，身边将少了爸爸的陪伴"。而我出于陪她们成长的愿望，希望她们通过我的书信，随我一起完成南极的旅程，了解我在南极的工作和生活，了解南极工作条件的艰苦、考察队员的乐观，了解我们星球的神秘，从而明白世界上有大量的未知等待她们去探索。一封又一封，通过船上、考察站上有限的网络，我发回的信慢慢成了她俩睡前或是晨起的枕边故事。后来有一次通电话时，她们竟急不可耐地开始催更。就这样，懒惰的爸爸遇上不断催更的女儿，最终成就了从南极发出的这三十二封给女儿的信。

　　我想，努力是有结果的，现在已经是小学生的女儿经常和同学们讲起南极、谈论企鹅、说起极光，甚至还和班主任老师商量开了一节"家长课堂"，让我给她们班同学讲了一节南极课。还有一次，在观看中国航天员的太空授课时，小女儿突然说："我将来要做航天员，去太空给爸爸拍星星的照片。"作为爸爸，我真的很开心，两个女儿对世界一直保持着极大的好奇心，日常也表现得非常认真和努力。

　　随着南极天文研究的发展，未来我还会再赴南极、再登昆仑。不知道那时，还会再讲什么故事给她们听呢？

目　　　录

开普敦

宇航员海调查区

莫森站

中山站

泰山站

普里兹湾回收潜标
破冰实验

长城站

戴维斯站

蓬塔

昆仑站

罗斯拉站

极点站

康科迪亚站

凯西站

阿蒙森海综合调查区

罗斯海新站

西风带布放浮标

霍巴特

悉尼

墨尔本

1

出发的日子

亲爱的晨晨、阳阳：

　　傍晚在浦东机场道别时，你们或许还没意识到在未来近半年的时光里，身边将少了爸爸的陪伴。此时此刻，你们正躺在家里的床上，沉浸在梦乡之中，而爸爸正在飞往澳大利亚的航班上。在墨尔本机场转机之后，爸爸会到达位于澳大利亚东南部塔斯马尼亚岛上的港口城市霍巴特。在那里，爸爸将登上早已等候在那里的"雪龙"号极地考察破冰船，正式开始南极科学考察之旅。

　　澳大利亚和南极洲是位于南半球的两块独立大陆，它们的四周都是一望无际的海洋，完全不与七大洲中的陆地相连。也正因为和其他大陆隔离开来，它们成为了地球上最独特的两块大陆。比如，澳大利亚有很多其他大陆上少见的有袋类动物，我们在动物园见到的袋鼠、考拉和袋熊等都是有袋类动物。它们的幼崽早早地就出生了，刚出生的时候非常小、非常脆弱，很多器官还没有发育好，无法适应外面的生活。幸好，它们的妈妈像机器猫"哆啦A梦"一样，肚子上有一个袋子，叫作"育儿袋"。这个袋子里面虽然没有各种神奇的道具，但它可以让幼崽们在里面睡觉、吃奶和玩耍。育儿袋为幼崽们提供了安全和舒适的环境，让它们在里面安心长大。

与澳大利亚不同，南极洲是一片白色的"沙漠"，地表覆盖着茫茫白雪，地表下是万年不化的冰川。因为寒冷和干旱，除了在南极大陆边缘的部分地区有一些苔藓和地衣生存外，南极大陆上没有你们常见的青青小草和高大树木。如果你们也在南极，估计会说："啊？怎么什么都没有呀！"在南极大陆边缘的冰面上，有企鹅、海豹、贼鸥、雪燕等很多动物活动。虽然生活在大陆边缘，但它们和大海的关系更为密切，因为它们吃的鱼虾都来自海洋。因为缺乏食物，南极大陆的内陆地区没有其他动物生存。还记得爸爸陪你们看过的电影《帝企鹅日记》吗？帝企鹅妈妈在生蛋后就把蛋交给帝企鹅爸爸孵化，自己则要立即赶往大海捕鱼，补充体力，并给未来将孵化出的帝企鹅宝宝准备出生后的第一顿食物。这么看来，帝企鹅的爸爸妈妈养育一个宝宝可真不容易呀！

"

　　再经过大概半个月的时间，爸爸就可以登上南极大陆了。到时候，我一定会代你们看望帝企鹅宝宝的。

爱你们的爸爸
11 月 6 日

"

拉方"臭臭"的袋熊

亲爱的晨晨、阳阳：

今天下午你们快放学的时候，爸爸终于到达了霍巴特。在霍巴特机场的候机厅，爸爸见到了很多又像熊又像老鼠的动物的铜像。它们都长得短短的、胖胖的，屁股上还有一条短小的尾巴，乍一看就像一头小熊，但它们的正脸却更像小老鼠，眼睛小小的、圆溜溜的。其实它们既不是熊，也不是老鼠，而是澳大利亚特有的一种动物——袋熊。和袋鼠、考拉一样，袋熊也是一种有袋类动物。袋熊妈妈肚子上有一个育儿袋，育儿袋里面还有两个小乳头。小袋熊出生后就住在妈妈的育儿袋里，一边衔着妈妈的乳头吃奶，一边玩耍，直到长到八九个月大时才从妈妈的育儿袋里爬出来。

　　袋熊喜欢住在地下阴暗的洞穴里，喜欢挖深深的、长长的洞，喜欢吃草，是植食性动物。这么看来，袋熊的生活习惯真的和老鼠很像呢！最特别的是，它们拉的"臭臭"是方方的、硬硬的，就像你们玩过的方形小积木。现在你们是不是在想："啊？袋熊拉'臭臭'时屁屁会不会疼呀？"哈哈！袋熊拉方"臭臭"是有原因的，因为"臭臭"是方方的，所以不会像圆"臭臭"那样在地上乱滚动，于是袋熊可以把这些方"臭臭"拉在它喜欢的地方，通过"臭臭"告诉其他的同伴："这里，这里，还有这里都是我的地方，你们不可以进来玩儿！"不过，这样"占座"可不是个好习惯，你们可不要学袋熊哟！学会合作和分享才会拥有更多的朋友，一起游戏、一起学习会更加快乐哦！

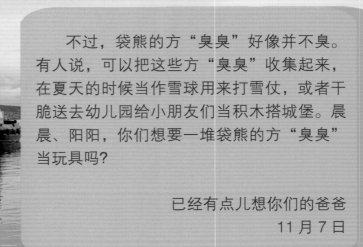

　　不过，袋熊的方"臭臭"好像并不臭。有人说，可以把这些方"臭臭"收集起来，在夏天的时候当作雪球用来打雪仗，或者干脆送去幼儿园给小朋友们当积木搭城堡。晨晨、阳阳，你们想要一堆袋熊的方"臭臭"当玩具吗？

已经有点儿想你们的爸爸
11月7日

霍巴特
——南极的大门

亲爱的晨晨、阳阳：

　　爸爸明天上午就要离开霍巴特了。在未来将近半个月的时间里，爸爸将乘坐"雪龙"号穿过风大浪高的西风带，到达中国南极中山站。

　　今天白天，爸爸可以在霍巴特这个港口小城市简单逛逛，顺便美美地吃一顿海鲜大餐。霍巴特虽然很小，却是澳大利亚历史上第二古老的城市，很早的时候就有外来居民从欧洲来此定居。霍巴特位于澳大利亚最南部的塔斯马尼亚岛，拥有优良的深海港口。因为离南极很近，历史上很多探险家都是从这里前往南极探险的，所以霍巴特被称作"南极门户"，也就是南极大门的意思。

在霍巴特城区，有很多雪橇犬的雕塑，处处都体现着霍巴特和南极之间的特殊关系。为什么这么说呢？这是因为雪橇犬在过去的南极探险中一直发挥着非常重要的作用，雪橇犬既是探险家们的帮手，又是相互陪伴的朋友。早期的南极探险家们训练雪橇犬拉雪橇，用于运输货物或者运送人员。在南极，雪橇就像我们家的汽车，雪橇犬就像雪橇的发动机，它们拉着雪橇在雪面上快速地奔跑。不过遗憾的是，爸爸这次的南极之行见不到雪橇犬。现在在南极已经不用雪橇犬拉雪橇了。为了保护南极的生态环境，禁止各个国家的考察队员从其他地方带动物、植物进入。而雪橇犬并不是南极原有的生物物种，所以现在的南极是没有雪橇犬的。我们现在用履带式雪地车拉一长串更大的雪橇，可以一次拉运更多的货物。

雪橇犬有很多品种，都产于西伯利亚、阿拉斯加等北极地区。它们不怕寒冷，能够适应南极、北极地区的恶劣环境。雪橇犬还有很好的体力和耐力，能够拉着雪橇在雪地里长途奔跑。更厉害的是，雪橇犬非常聪明，一群雪橇犬在一起能够做到友好合作。特别是雪橇犬中的首领，能够听懂人类给出的复杂指令，指挥其他雪橇犬一起行动，共同完成任务呢！你们想不想也养一只雪橇犬呢？想的话，快去说服爷爷奶奶吧！

爱你们的爸爸
11月8日

晕船的爸爸

亲爱的晨晨、阳阳：

从早上妈妈给爸爸的留言中，爸爸知道你们想爸爸了。爸爸也一样很想念你们！告诉你俩一个秘密：爸爸晕船了。

今天上午十点，"雪龙"号离开了霍巴特的停靠码头。驶出海峡进入外海，就遇到三四米高的涌浪。下午三点多，爸爸去三楼查看队友的情况后，抓着扶手，跌跌撞撞地爬回自己住宿的五楼。因为"雪龙"号一直在摇摆，爸爸深一脚浅一脚地穿过长长的走廊回到住舱。这时，爸爸再也控制不住，忙冲向卫生间，把肚子里的食物全都吐了出来。

你俩一定能体会到爸爸当时的感觉，因为你们都有过晕车的经历。特别是那次我们全家去黄山玩，在拐来拐去的山路上，因为爸爸开车一个转弯车速过快，晨晨一下子把路上吃的水果和零食全都吐到了衣服和安全座椅上。然后，我们就这样一直闻着晨晨的"酸酸臭臭"味继续赶路，幸亏那时离宾馆已经不远了！

对了，你们知道人为什么会晕车和晕船吗？其实晕车和晕船是一回事。我们能够张开嘴巴、眨眨眼睛、做做鬼脸和走跑爬跳，都是因为人体的运动神经系统在控制。我们想做什么，大脑就把我们的想法告诉运动神经系统，系统就会支配我们的肢体完成动作。但我们的身体中还有一套不受我们想法控制的神经系统——植物神经系统（这可不是花草树木的神经哟），叫它们自主神经系统也许更为合适。植物神经系统无意识地平衡和控制着我们身体的各项生理活动，如心脏跳动、呼吸空气和消化肚子里的食物。

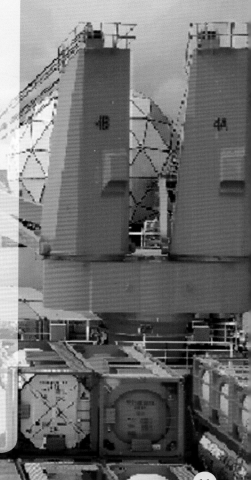

内耳在我们耳朵的最里面，其中有一个部位叫"前庭"。耳前庭是人体的平衡感觉器官，能够感知我们是向前向后跑动还是上下左右跳动，或者是在转圈圈。如果车和船快速地晃动，超出了我们能够承受的范围，耳前庭就会产生失衡感。这时候，植物神经系统的交感神经就活跃起来，它的好意是想通过调节我们身体的其他器官来克服那种不舒服的失衡感，但这会让我们产生头晕和恶心的感觉。

爸爸的房间是在五楼船头的位置，"雪龙"号在高高低低的海浪中穿行时，这里产生的晃动感特别明显。不过你们不用太担心爸爸，爸爸现在好好地躺在房间的小床上，只要不站起来走动就行。爸爸躺在床上，听着房间墙壁"吱吱嘎嘎"的响声，感受着"雪龙"号冲上浪尖，船头翘起，然后迅速落下，"轰隆"一声撞到海面，激起高高的浪花。这种感觉其实还不错呢！因为晕船得厉害，爸爸没法去二楼餐厅吃饭，但爸爸还是很勇敢和坚强哟！为了保持体力，就在刚才爸爸还是忍着难受吃了一包饼干。爸爸是不是很厉害呀！

晨晨、阳阳，你们现在还很小，未来成长的路上或许会遇到沟沟坎坎，甚至是大风大浪。只要你们能够做到勇敢和坚强，就一定会发现很多事情就像你们常说的那样——"一切都是小事情"。

正在晕船的爸爸
11 月 9 日

带劲儿的西风带

亲爱的晨晨、阳阳：

　　昨天晚上没给你俩写信，你们一定不会责怪爸爸吧，哈哈！虽然爸爸乘坐的"雪龙"号还在西风带中穿行，但今天的涌浪明显减弱了一些，浪高由昨天晚上的四五米减弱到现在的两三米，坐在船上的感觉明显好了很多。

　　安全地穿越西风带，是每一次南极科学考察都要面临的，也是必经的第一个大考验。"雪龙"号停靠补给的霍巴特就位于西风带，只要一出港口进入开阔的海面，就会面临三四米的涌浪，这就是爸爸前天晕船倒下的原因。

　　西风带是来自地球赤道地区的热空气和来自地球南北极的冷空气交汇形成的风带。就像它的名字所说的那样，西风带基本上一年到头都在刮西风，风从西面来，向东面吹去。西风带里很容易生成气旋，就是那种大大的空气旋涡，基本上两三天就产生一个，你俩听说过的台风就是特别强的气旋。在上海，我们每年都要经历几次台风，不过直直地吹过上海的台风很少。西风带位于南半球和北半球的中纬度地区，在这个纬度，南半球的陆地很少，大部分区域都是海洋，西风吹得十分带劲儿，风力常年保持在五到六级，常常带来四五米高的涌浪。当有气旋经过时，可能会产生狂风、暴雨、暴雪和十几米高的巨浪，那么高的浪能够一下子拍打到爸爸住在五层的房间窗户上。

　　西风带风大浪大，行船非常危险，因此西风带也被称为"魔鬼西风带"和"咆哮西风带"。幸好现在有了很准确的气象观测和预报，"雪龙"号可以及时发现气旋并躲开它，绕着走。不然，爸爸就要吃更多的苦、受更多的罪了。明天"雪龙"号应该就可以走出西风带了，爸爸已经在期待随时出现的第一座冰山了，到时候爸爸拍些照片给你们看！

已经不太晕船的爸爸

11 月 11 日

给女儿的信

和冰山的见面

亲爱的晨晨、阳阳：

今天下午，"雪龙"号已经成功穿越了西风带，你们应该已经在电视新闻上看到了这个消息。爸爸今天的状态很好，晚上还参加了霍巴特新上船队员的欢迎宴，大吃了一顿。

昨天的信中说，要今天给你们拍摄这次考察见到的第一座冰山的照片，但爸爸要食言了，只能过几天再拍冰山给你们看了。"雪龙"号这次航行遇到的第一座冰山的地理纬度为南纬五十九度十七分，算是历次航行中看到冰山纬度较低的一次。这座冰山漂过"雪龙"号附近的时间大约是北京时间六点多，当时爸爸早饭后正在房间休息，就这样错过了，没看着。这座冰山是孤零零的一座，从它漂走之后到现在再也没见到第二座。不过后面肯定会遇到很多很多的冰山，随着"雪龙"号向南航行，海面上浮着的冰山会越来越多。

  海洋上漂浮的冰山都是来自地球南北两极的冰川。冰川，你们可以把它理解为陆地上把陆地都给裹住了的一大块完整的冰。陆地的边缘、冰川临海一侧，破碎断裂落入海中形成的漂浮着的大冰块，就是冰山。冰山形态各异，因为同样体积大小的冰比水只是稍微轻一点，所以冰山的大部分都"躲藏"在海面以下，人们看到的海面上的冰山只有整座冰山大小的十分之一左右。

  因为冰川在不停地运动，每年都会有大量冰山产生。在南极地区，每年会产生约两万亿立方米的冰山，融化成水可以供上海市用两百年。北极地区产生的冰山会少一些，每年约为南极的六分之一。冰山给轮船的海上航行带来了巨大的潜在风险，如著名的泰坦尼克号游轮就因碰撞冰山而沉没，去年"雪龙"号也曾因碰撞冰山而折断了船头的桅杆。

位于南北两极的冰川是地球上最大的淡水资源宝库。每年它们的边缘崩塌形成的大量冰山，一直漂浮在海面直到彻底融化，实在是对淡水资源的巨大浪费。在上海，你们每次打开水龙头就会有干净的水源源不断地流出来，供你们洗洗小手、小脸。还记得老师教你们的《洗手歌》吗？你们洗完手要及时关闭水龙头，节约用水，因为地球上还有很多地方是非常干旱缺水的。这些地方的小朋友连喝的水都不够，更不要说用来洗手洗脸了。曾有人设想在冰山表面喷上特殊材料，隔绝外面的热量，减缓它们的融化速度，以便有足够时间用轮船将冰山拖拽到干旱地区，缓解当地的缺水状况。或许有一天这种设想真的能实现呢，到时候你们就能看到一艘艘拖船拖着一座座大大的冰山从南极、北极向地球上干旱的地区移动啦！爸爸真期待能早日看到这样的景象呀！

还没拍到冰山的爸爸

11 月 12 日

两艘"雪龙"的"竞赛"

亲爱的晨晨、阳阳：

　　爸爸中午和妈妈通话时被提醒，好几天没给你们写信了。爸爸突然意识到自己又偷了几天懒，你们可千万不能向爸爸学习这一点哟。今天就和你们聊聊这几天在船上遇到的事情吧。

　　爸爸乘坐的"雪龙"号现在正沿着南极大陆的边缘向西航行。虽然已经走出西风带三四天了，但还是有很大的涌浪。涌浪，是指那种海面上很长、很大、起起伏伏的浪，远远看过去就像我们家前面的那片不太平坦的草坪。"雪龙"号在上面航行时会随着海浪上上下下。不过，经过这些天的船上生活，爸爸已经完全适应了船的晃动。

　　这次的南极科学考察，我们有"雪龙"号和"雪龙 2"号两艘极地考察破冰船同时进入南极地区执行任务。"雪龙"号比"雪龙 2"号晚几天从上海出发，一直跟在"雪龙 2"号的后面，也晚一天穿越西风带进入南大洋。但由于"雪龙"号速度较快，昨天上午，"雪龙"号已经追上了"雪龙 2"并超了过去。和"雪龙"号相比，"雪龙 2"号是个今年刚建成投入使用的"小弟弟"，不过它有着更强的破冰能力。过几天，我们可能会让"雪龙 2"号冲在前面破冰，"雪龙"号则在后面偷个懒。大概再过四天的时间，"雪龙"号就能到达普里兹湾外的浮冰区了，我们会在那里等"雪龙 2"号抵达后，一起破冰前往中山站。在中山站卸货上岸后，爸爸将会和其他十六位叔叔伯伯一起进入南极内陆，前往中国南极泰山站开展南极内陆科学考察任务。

"

　　虽然"雪龙"号近几天一直航行在南纬六十一度左右的南大洋上，海面上漂浮着浮冰和冰山，室外气温已经到了零下，但"雪龙"号并不孤单，有几只贼鸥和小海鸟一路相伴。另外，等到了中山站，爸爸就可以看到成群的企鹅了，到时候爸爸会拍很多照片给你们看哟！

准备看企鹅的爸爸

11 月 15 日

"

光的奥秘

亲爱的晨晨、阳阳：

今天你们有没有想爸爸呀？爸爸离开上海已经十天了，可是一直在想念你们呢！

相比你们在家的生活，爸爸在船上的生活比较枯燥单调。11月9号"雪龙"号离开霍巴特后，爸爸在船上过了将近一周吃了睡、睡了吃，小猪一样的日子。在妈妈的提醒下，从昨天开始，爸爸每天下午都会去"雪龙"号的健身房锻炼身体，跑步或快走一个小时，然后器械锻炼半个小时。健身房的环境很不错呢！健身房位于"雪龙"号三楼右舷边，健身器材都正对窗口摆放。锻炼身体时，抬头就可以看到外面海面上的情况。昨天海面上的浮冰和冰山很多，爸爸在跑步时看到它们一个个的从眼前漂过。

　　今天天气晴好，虽然云很多，但还是能看到湛蓝的天空和深蓝的海水。对了，你们知道为什么天空和大海都是蓝色的吗？其实，在白天我们能看到世界，都是因为太阳发出的光把世界照亮。我们周围的物体，比如你们的玩具、外面的花草树木、湖里的黑天鹅和鸭子，时时刻刻都在反射太阳光。我们的眼睛收到这些反射的太阳光，就看到它们，"哦，原来它们在那里，长这样呀"。

　　太阳光看起来是白色的，实际上却是由各种颜色的光组成的。你俩不是见过几次彩虹嘛，在天空中，在瀑布旁，它就是太阳光中包含各种颜色的光的证据。因为天空中或瀑布旁的小水滴对不同颜色的光的折射率不一样，就把它们挨个分离了出来，所以我们就看到了由紫蓝到橙红的彩虹。对了，彩虹的颜色分布你们记住了没？从外圈到内圈，依次是红、橙、黄、绿、青、蓝、紫。

　　我们生活的地球被厚厚的一层空气包裹着，空气中含有氧气、氮气、二氧化碳和水等各种分子，它们对不同颜色的光的散射程度也不一样。比如，对红光的散射最弱，也就是说红光能够穿透空气，传播得更远。这也是红绿灯采用红灯表示"停"的原因，它们在雨雪和雾天更容易被匆忙赶路的司机和行人看到。而蓝色、紫色的光线相对来说更容易被散射，所以是紫色和蓝色的光线照亮整个天空。但人的眼睛对紫色的光线不够敏感，并且紫色的光线在空气中被大量吸收了，因此晴好的天空看起来就是蓝色的。大海呈现蓝色也是同样的道理，不过其中起到散射作用的物质只有水分子而已。

开始健身的爸爸
11 月 16 日

不断调整的时区

亲爱的晨晨、阳阳：

在语音留言中听到你们说"想抱抱爸爸，可是抱不到"，爸爸好心疼啊！爸爸也很想陪在你们身边！现在，"雪龙"号快到中山站了，距离中山站仅有三百多千米，距离你们俩却有一万两千千米，这是爸爸离开你们俩最远的一次。等明年四月回到上海后，爸爸会好好陪陪你们。那时你们一定要乖乖的哟，别太调皮，不然万一爸爸没忍住……哈哈！

今天"雪龙2"号已经和"雪龙"号汇合，并赶到了"雪龙"号的前方。"雪龙2"号是我们国家设计建造的第一艘专业的极地科考破冰船，有着比"雪龙"号更强的破冰能力。在之后两天的冰区航行中，"雪龙2"号将为"雪龙"号进行破冰领航。这是"雪龙2"号第一次进行极地考察，此次的破冰作业也带有很强的试验性质，能够全面检验"雪龙2"号的破冰能力。

昨天晚上，"雪龙"号又拨了一下时钟，把时间向后调慢了一小时。刚才给你们打电话时，你们俩都已经躺在床上听睡前故事了，而爸爸这边还不到下午六点，比国内使用的北京时间晚了整整三个小时。北京时间用的是东八区时间，而爸爸刚从霍巴特上船时用的是东十一区时间，中国南极中山站、泰山站、昆仑站用的是东五区时间。"雪龙"号在穿越西风带后向西航行时，船上使用的时钟一共会调整六次，把时间从东十一区慢慢调整到了东五区。上面我们说到的东八区、东十一区、东五区都是不同的"时区"。你们可能很奇怪，为什么"雪龙"号在航行过程中要不断调整时钟，为什么不同的地方会采用不同的时间呢？

　　这主要和地球的形状和自转有关。其实，秒、分、小时、日、月和年是人为对时间的划分和定义。人们规定每天太阳在天空中最高时的时间是中午十二点，第一天太阳最高时和第二天太阳最高时的时间间隔为一天，一天分为二十四小时，每小时等于六十分钟，每分钟又等于六十秒。在古代，人们曾经相信"天圆地方"，认为大地是漂浮在海洋上的一块陆地，天空像一个锅盖一样盖住了海洋和大地，太阳挂在空中每天准时东升西落。在这块大地的不同地方，时间是一样的，并没有时区的区别。在大航海时代，哥伦布的环球航行推翻了"天圆地方"的说法，证明地球其实是一个球体，而不是一块平坦的大地。后来天文学观测又证明，地球在不断地自己转圈圈（自转）的同时，还在绕着太阳转动（公转）。地球绕着太阳转一圈的时间是一年，一年被划分为十二个月，一个月又划分为三十天或者三十一天（还有比较特殊的 2 月）。地球在自西向东的自转过程中，一个地方，例如上海，正对着太阳，也就是太阳在上海的天空中位置最高的时刻，就是上海的当地时间中午十二点；而另外一个地方，例如南京，在上海的西面，需要再过一段时间才能正对着太阳，所以南京的当地时间中午十二点会比上海晚一点；而在美国，上海中午的时候纽约人正在过晚上呢，当地的中午十二点比上海的要晚十个多小时。

　　大多数人都是早上太阳升起时起床，白天工作，晚上太阳落山后休息，都根据自己看到太阳的东升西落制定自己的时间表。不同地方的时间差别很大，不同地方的两个人，一个人的十二点和另外一个人的并不同步，这就会给人们的交往带来很大的不便。所以人们就根据一天二十四小时、地球自转一圈三百六十度，划分了二十四个时区，每个时区的经度都跨越十五度。这样不同国家在交往时，就可以用说明是哪个时区的几点来约定时间。在我们国家，虽然东西部横跨了近五个时区，但是为了方便，减少时间上的误解，我们统一用北京所在的时区——东八区的时间，这就是你们常听见的北京时间。其实你们每天上午已经到幼儿园开始游戏时，新疆的小朋友还在睡觉呢，因为他们那里天还没有亮哦！

给你们上课的爸爸

11 月 19 日

海冰卸货

亲爱的晨晨、阳阳：

　　爸爸现在还没有踏上南极大陆，却已经有点儿想家了，想在家陪着你们。不过没有办法，爸爸必须按照预订计划完成考察工作。妈妈来信说，你们很喜欢爸爸给你们写的信，每天早上和晚上都会拿来当作故事读。妈妈还说，你们很喜欢爸爸的新发型，都说"哇，太酷了"。爸爸一定会坚持给你们写信的，把爸爸在南极遇到的事情都讲给你们听。虽然爸爸离你们有一万两千千米，但爸爸的心一直陪在你们身边。

昨天"雪龙"号在"雪龙2"号的破冰引领下到达了距离中山站二十四千米的地方，40多名中山站和泰山站的考察队员在晚上乘坐卡-32直升机，从这里分批前往中山站。爸爸和其他一些队员则留在船上，准备即将开始的海冰卸货，把中山站和泰山站所要用的考察物资和设备分批次转运到中山站和内陆考察出发基地。等所有的货物都卸完，爸爸也将乘坐直升机前往中山站，在内陆出发基地把各种考察物资和设备装上雪橇，然后驾驶雪地车赶往爸爸这次考察的目的地——泰山站。等爸爸把观测设备安装调试好，就能再次乘坐"雪龙"号回到上海，回到你们身边啦！

昨天是非常忙碌的一天，按照帮厨排班表，轮到爸爸在雪龙餐厅帮厨。每餐过后，爸爸都需要仔细打扫餐厅、擦洗餐桌和扫拖地面，之后再去厨房帮忙做各种餐前准备。虽然爸爸已经好几年没有做饭了，但好在手艺没丢，择菜、洗菜和切菜都得心应手。本来还想掌勺做俩菜，但厨房的大师傅们没同意。厨房的工作很多，基本上餐前准备刚做好就到了开饭的时间，船上的厨师们真不容易啊！

今天晚饭前，考察队领队通知我们下船测量"雪龙"号两舷旁的海冰厚度，看海冰的情况是否满足卸货的要求。因为泰山站队有海冰冰芯采样分析的科考计划，所以这个任务就落在爸爸所在的泰山站队的身上了。晚饭过后，爸爸带着另外两名队员按照安全规定和保暖需要穿戴整齐。企鹅服、雪地靴、手套、围巾头套、安全帽、救生衣和对讲机，我们都穿戴齐全，并相互检查。在得到"雪龙"号驾驶台的允许后，我们三人走下左舷舷梯，踏上冰面。穿着笨重的雪地靴在没冻实的松软雪地上走路很困难，在有些裂缝处，脚一下就陷了进去，雪厚得快埋到膝盖。

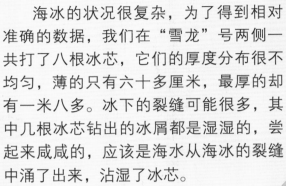

海冰的状况很复杂，为了得到相对准确的数据，我们在"雪龙"号两侧一共打了八根冰芯，它们的厚度分布很不均匀，薄的只有六十多厘米，最厚的却有一米八多。冰下的裂缝可能很多，其中几根冰芯钻出的冰屑都是湿湿的，尝起来咸咸的，应该是海水从海冰的裂缝中涌了出来，沾湿了冰芯。

因为中山站的纬度很高，所以最近一段时间都是极昼。虽然太阳在午夜前后也会落到地平线以下，但因为太阳光在大气层中被折射和散射，整个天空还是亮亮的。落日晚霞消失后没过一会儿就能看到日出晨光。虽然夜间的天空很亮，但是空气温度却很低。冰芯作业还没结束时，气温已经低于零下十二摄氏度。因为没有暖暖的阳光照着，加之还有从南极冰盖吹来的冷风，体感温度更低，爸爸感觉厚厚的企鹅服都被冻透了，脸也被冻得硬硬的、辣辣的。

　　考察队分析了海冰情况，并经过讨论，决定让"雪龙2"号利用更强的破冰能力，继续为"雪龙"号破冰开路，带领"雪龙"号再次向前挺进，争取再前进十五千米，在更靠近中山站、冰况更好的固定冰区开展海冰卸货作业。现在"雪龙2"号正在往返破冰，努力打通和拓宽"雪龙"号前进的道路。

　　我们刚刚接到通知，明天上午八点就要开始卸货作业了，因为是二十四小时两班倒制，爸爸在未来的十来天可能都没空给你们写信了。不过爸爸会抽空给你们打电话的，很期待在电话中听你们喊"爸爸，你现在到哪啦，你什么时候回来呀"，爸爸的心永远都在想念着你们哦！

开始工作的爸爸
11月21日

一直在卸货的日子

亲爱的晨晨、阳阳：

　　这几天大家一直在忙着海冰卸货，把船上的货物分步分批转运到中山站和内陆考察出发基地。爸爸被分配到的工作是甲板作业，带领一个九人小队在"雪龙"号大副的指挥下，从子夜零点断断续续工作到第二天中午 12 点。每天的下午和前半夜是休息时间，中午换班后，爸爸吃完午饭收拾一下就要去补觉，以便有体力完成第二天的工作。中山站时间比北京时间晚三个小时，你们每天吃晚饭的时候，爸爸大多刚刚开始睡觉，而你们早起的时候，爸爸则在冰面上往雪橇上装载和捆扎货物。这是爸爸最近没能和你们通电话的主要原因。

妈妈说，阳阳在英语课上表现很棒，而晨晨在逻辑课上表现出色。爸爸真为你们感到高兴，不知道妈妈有没有给你们小爱心奖励？妈妈说，前天晚上阳阳突然说想爸爸了，然后就哭了起来。爸爸也很想念你们，想把你们抱在怀里，和你们一起读绘本、讲故事，放在脚上蹬高高，玩"哪吒和龙王"、"葫芦娃和蛇精"的游戏。时间过得真快，转眼间爸爸离开家已经二十天了，只要再过六个这么长的时间，爸爸就会回到你们的身边啦！返程时，爸爸一定会趁"雪龙"号在澳大利亚霍巴特停留补给的时间给你们选一些礼物，袋鼠和袋熊玩具肯定是少不了的，但不知道能不能买到袋熊的方"臭臭"。你们现在要做的就是期待着爸爸的返回吧！

　　爸爸这几天的工作是这样的：首先，协助船上的吊车把货物从"雪龙"号的船舱或甲板运送到冰面上。对于雪地车和集装箱这样的大型货物，吊车可以用挂钩将它们直接吊送下船；而对于油桶和其他的一些散货，只能先把它们放到网兜里，再把网兜吊送下去。吊送下船的货物，有些可以用直升机直接吊着运往内陆出发基地，运往中山站的物资则主要由雪地车拖着雪橇完成运输。每辆雪地车后面都拖着两个雪橇，每个雪橇上都可以装十几吨的货物。听大副讲，大约再有三天时间基本就可以卸货完成了。

　　之后爸爸就能乘坐直升机飞到中山站，在距离它几千米远的内陆考察出发基地短暂休息两天后，就要做前往泰山站的准备工作了，主要是检查和整理仪器设备以及考察用的吃穿用的物品等，把它们装上雪橇并捆扎牢固。到时候，爸爸所在的泰山站队就会开着七辆雪地车在南极内陆穿行并停留两个多月的时间。在这两个月里，你们只能在家等着爸爸的卫星电话了，虽然联系可能比较少，但爸爸的心是一直在你们身边的。

忙着卸货的爸爸
11 月 26 日中午

抵达中山站

亲爱的晨晨、阳阳：

　　爸爸现在正在中山站的宿舍里，坐在床上一边听着你们的语音留言，一边想念你们呢！阳阳说，"想和爸爸玩游戏，想让爸爸陪着看书和看电视"，爸爸其实也想，我们已经很久没有一起做这些事情了。不过昨晚爸爸在给你们打电话时，你俩是怎么回事呀？爷爷叫你们过来听电话，没说几句你们就都跑开自顾自玩去了，完全没有想念爸爸的样子嘛！虽然爸爸要很久才能回去，但你们可以现在开始给爸爸做贺卡啊，等爸爸回到上海时再送给爸爸。

通过之前的信，你们已经知道，在过去的一周内爸爸先后参加了海冰探路和海冰卸货。在这段时间里，爸爸每天工作时间很长，只要天气条件允许，一天要在海冰冰面上工作 12 个小时。冰面很冷，货物装卸也很辛苦，不过既然接下了任务，爸爸就会尽力尽责，做好工作。其实，每个人的一生中都有不同阶段，都要承担一定的责任，都需要尽职尽责地完成好这些。比如，作为爸爸，需要做的就要好好工作和陪伴你们成长，而你们现在需要做的就是好好吃饭，好好玩耍，长好身体，看你们喜欢的书，听你们喜欢听的儿歌和故事，同时学习你们未来需要的知识和本领。不管是玩耍还是学习，这些都会帮助你们为未来做好准备。这是爸爸现在对你们最大的期望。

　　昨天上午，爸爸乘坐直升机到达了中山站。直升机和我们之前一起乘坐过的大飞机很不一样。大飞机有两个机翼，看起来就像一只张开翅膀的大鸟，大飞机每次起飞都要在跑道上滑行很长一段路程，依靠空气在机翼上产生的升力离开地面，飞到空中。而直升机更像一只大蜻蜓，前面有很大的玻璃罩，像是蜻蜓的大眼睛，不过直升机的翅膀可不是上下振动的，而是旋转起来的，从而产生向下吹动的气流把飞机"举"起来，所以直升机是垂直起飞和降落的。

　　直升机肚子里的空间和大飞机比起来要小很多，一次最多乘坐十几个人。不过乘坐直升机和大飞机的体验完全不一样。直升机的飞行高度要低很多，整个飞行过程中都伴随着巨大的轰鸣声。直升机上有个大窗户，从"雪龙"号起飞后的风景可真不错！平整的海冰表面镶嵌着大大小小的冰山，还有分布着几条因大海潮汐而形成的长长的冰裂缝。爸爸拍摄了这段路程的视频，回家后就播放给你们看哈！

坐直升机的爸爸
11 月 29 日

和 企鹅对望

亲爱的晨晨、阳阳：

今天依旧是风雪天气，爸爸只能待在中山站等待好天气的出现。你们不用担心爸爸在这里生活得不好，或者待得无聊哦，因为中山站的站区很大，像一个小小的镇子，生活设施配备得很齐全，有时候还会有企鹅造访呢！它们成群结队、大摇大摆地从站区穿过，一点都不害怕人。爸爸拿出手机给它们拍照时，它们甚至还会和爸爸对望，好像在对爸爸说："你在干什么？没见过企鹅吗？"

　　中山站名字中的"中山"取自孙中山先生的名字，他是一位伟大的革命家。一百多年前，他带领无数的革命先烈推翻了几千年的封建统治，希望建立民主富强的新的中国，实现中华民族的复兴。中山站建成于1989年2月，已经有31年的历史了。虽然中山站是我们国家在南极建立的第二座考察站，但因为第一座中国南极考察站——长城站修建在南极南设得兰群岛的乔治王岛上，纬度不够高，尚在南极圈之外，所以中山站应该算是我们国家第一座真正的南极考察站。

　　前天爸爸搭乘"雪龙"号的船载直升机转场中山站时，从空中俯瞰，一座座生活配套建筑和科学观测设施分布在南极大陆拉斯曼丘陵的协和半岛上。经过多次升级扩建，现在的中山站已经成为中国极地科考史上规模最大的科考基地，科学家们在这里进行着空间物理、气象、生物、冰川和海洋等多学科观测。同时，历次中国南极科考的昆仑站队和泰山站队也都从中山站登陆、准备和出发，它是我们国家南极内陆考察的起点。

你们知道爸爸最喜欢中山站的什么吗？当然是中山站的自然风光啦！坐在中山站综合楼的餐厅，通过窗口可以俯瞰站前的中山广场，广场外就是一望无际的大海。这里的大海和我们平时见到的大海完全不一样，一年中大部分时光，看到的并不是蓝蓝的海水，而是笼罩海面的、大小厚薄不一的海冰。海冰或大或小或厚或薄，常常在潮汐的作用下破碎开来又被重新冻结。不过最壮观的是上面"镶嵌"的巨型冰山，矮的只有几米高，高的可能有四五十米。冰山形态各异，有的像一座小山；有的像规则的长方体；而有的却长得歪歪的，上面平整的斜坡就像天然的大滑梯。它们有时候会离岸边近一些，有时会远一些，这很可能是在被潮水推来推去。这些冰山都来自中山站附近的南极大陆冰盖。站在中山站可以看见冰川边缘断裂的痕迹，就像是用刀切割的一样整齐。这附近还有一个小海湾，在那里常能听到海豹的叫声，估计有很多海豹躺在那里休息。我猜那儿的鱼应该也不少，毕竟海豹饿了是要吃鱼的，哈哈！

　　中山站在南极并不孤单，它与俄罗斯科考站——进步站隔湖相望，中间是团结湖。从上海出发去俄罗斯交流不太方便，需要办签证并要乘坐很长时间的国际航班。但在南极，爸爸饭后遛弯走着走着就到了俄罗斯进步站，可以和俄罗斯队员友好地挥挥手，打声招呼。其实俄罗斯队员也经常到中山站玩，比如打篮球、打排球。听说，南极越冬期间，俄罗斯队员每周都会在固定时间到中山站的室内运动场打球，因为中山站的运动设施更完备一些。其实，南极更像是联合国，各个国家考察站间的国际交往非常频繁。在距离中山站稍远一点的地方，还有印度的考察站——巴拉提站。中、俄、印三国的科考队员经常一起组织球赛和冰上马拉松，并在各国节日到来时互相送上美好的祝福。

爱你们的爸爸

11 月 30 日

越过"山丘"

亲爱的晨晨、阳阳：

　　今天是爸爸在中山站的第四天。暴风雪肆虐了三天后，天终于放晴了，风和日丽。我们泰山站队终于不用在中山站的宿舍里窝着，可以去中山站六千米外冰盖上的内陆考察出发基地整理物资了，以备一周后开始的南极泰山站考察之旅。

今天早餐后，我们十七名泰山站队员就开车去往出发基地。到出发基地去要先翻过三个大山坡，因为俄罗斯首先在这边建立了考察站，所以途中最大的山坡就叫"俄罗斯大坡"。前半程的路面很不平整，雪地车的履带碾压着碎石块和积雪，跌跌撞撞地慢慢向前赶，七八千米的山路竟走了一个小时。

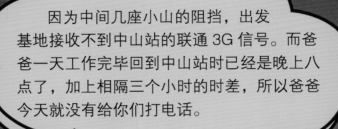

因为中间几座小山的阻挡，出发基地接收不到中山站的联通 3G 信号。而爸爸一天工作完毕回到中山站时已经是晚上八点了，加上相隔三个小时的时差，所以爸爸今天就没有给你们打电话。

现在正处于南极的夏季，气温不算太低，昼夜平均气温在零度左右。洁净的大气让阳光的穿透性变得很高，加上洁白雪面的反射，屋外的光线很强，不戴墨镜很难睁开眼睛。而且阳光中的紫外线特别强，虽然用了防晒霜，但人还是会被晒得很黑，估计再过几天你们就会看到一个黑脸的爸爸了。当然，眼睛周围会白一些，因为有墨镜一直挡着，这个形象和大熊猫刚好相反，它们是白白的胖脸加上黑黑的眼圈。不过，爸爸可不胖，哈哈！

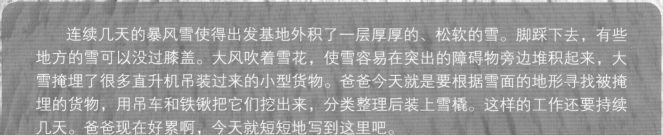

连续几天的暴风雪使得出发基地外积了一层厚厚的、松软的雪。脚踩下去，有些地方的雪可以没过膝盖。大风吹着雪花，使雪容易在突出的障碍物旁边堆积起来，大雪掩埋了很多直升机吊装过来的小型货物。爸爸今天就是要根据雪面的地形寻找被掩埋的货物，用吊车和铁锹把它们挖出来，分类整理后装上雪橇。这样的工作还要持续几天。爸爸现在好累啊，今天就短短地写到这里吧。

变黑的爸爸

12 月 1 日夜

魅力女神欧若拉——极光

亲爱的晨晨、阳阳：

　　今天是你们的生日，从今天起你们俩就是四周岁的小朋友了。爸爸还记得四年前，你们俩刚出生时，看起来就像两只黑黑瘦瘦的小猴子。从妈妈的肚子里出来后很快就被护士阿姨送进了婴儿室的暖箱，爸爸安顿好妈妈后就是在那里和你们俩见的第一面。你们俩都闭着眼睛躺在暖箱里，胸脯随着呼吸快速起伏，小胳膊、小腿都很细，只有一层黑黑皱皱的皮肤包裹着骨头，看起来没有一丝肉。因为你们提前了两个月从妈妈肚子里出来，所以体重很轻，都只有三斤多，医生讲了很多可能出现的风险，那时候爸爸妈妈担心得心都快要跳出来了。不过你们俩都很努力，不到一年时间，各项身体指标就追上甚至超过了足月出生的同龄孩子。现在你们也已经从一岁多时的小胖子蜕变成漂亮的小公主、小女神了。

在南极，也有一位婀娜多姿的魅力女神，她叫"欧若拉"（Aurora），翻译成汉语就是"极光"。欧若拉原本在古罗马神话中是曙光女神，掌管晨光，代表旭日东升前的黎明。后来近代科学的奠基人伽利略用这位女神的名字命名了极光。实际上，极光是一种绚丽多彩的地球大气发光现象。极光的产生离不开太阳和地球的配合：首先需要太阳不断向外"吹气"，也就是产生太阳风，它实质上是一大团温度很高、能量很高的带电粒子流；当太阳风吹到地球附近时，地球的磁场捕获了它们，使地球高层大气中的分子和原子激发或者电离发光，极光就产生了。因为地球磁场的南北极与地理南北极几乎重合，地球磁场捕获的太阳风离子大多从南北极地球进入地球的大气层，所以极光多发生在南北极上空。

　　极光的颜色有很多种，目前确认的有红、黄、粉、绿、蓝、紫六种。极光呈现什么颜色，主要由当时大气中的氮和氧的含量决定，而氮和氧的含量又和大气高度有密切的关系，所以依据极光的颜色就能大致判断出极光产生的高度。比如，常见的绿色极光主要由氧原子产生，通常产生在一两百千米的高度上；最为罕见的红色极光则产生在两百千米以上的高空；而蓝色和紫色极光只有在太阳剧烈活动时才有可能出现，高度在地面以上一百千米或者更低，并且是太阳风粒子和氮发生反应时才会形成这两种颜色的极光。除了地球，太阳系的其他行星，如巨大的木星和土星，它们的南北极上空也常会出现极光现象，产生的原因和地球上的一样。等你们长大了，想不想来南极看看极光呢？爸爸很希望你们在未来能成为宇航员，能够前往木星或土星，看看那里不一样的极光。

　　爸爸现在所在的中山站是世界上极光观测研究的主要台站之一，中山站的标志性建筑——绿色六角楼（空间物理观测栋）里面就安装着多种极光观测设备。可惜现在是南极的夏天，爸爸在站期间都是极昼，也就是一天二十四小时都是白天，太阳会一直挂在天上，虽然也有极光产生，但全都淹没在明亮的阳光中了。不过两个月后爸爸会从泰山站再次返回中山站，那时每天就会有短暂的黑夜了，应该会有很多机会看到这位多彩的"女神"吧！

　　小女神们，生日快乐！

爱你们的爸爸
12月3日

考察期间的"美食计划"

亲爱的晨晨、阳阳：

今天是爸爸近期在网络世界的最后一天。明天上午，爸爸和叔叔们就要出发前往泰山站了。未来的两个月，爸爸几乎会和世界完全失去联系，你们可要做好心理准备呀！在南极内陆考察途中和泰山站里，没有手机信号，也没有网络，只能通过信号时断时续的铱星手机和你们进行简短的通话，告诉你们爸爸一直在想念你们、一直爱着你们了。

　　在中山站的这几天，爸爸每天都能够和你们通话，听听你们的声音，这是因为中山站设有联通的 3G 基站。不过今天爸爸可是有点生气哟。爸爸算好了你们下午放学和晚饭前的时间，给爷爷打过去了两次电话，但是你们的注意力不是在滑滑梯上，就是在玩玩具和看动画上，两次都是随便敷衍爸爸一句就跑了。只在你们临睡前，才在电话中说想爸爸了，问爸爸为什么还不回来，而当时爸爸已经到出发基地了。因为和中山站之间有几座小山阻挡，在出发基地接收不到中山站发出的联通信号。好在有个叔叔发现只要爬上雪地车、油罐或者集装箱就可以接收到信号，不然你们想爸爸的那些话爸爸就听不到了。以后爸爸再和你们联系时，你们可要珍惜呀，不可以再敷衍爸爸了哦！

170 DAYS
IN ANTARCTICA
给女儿的信

内陆考察期间，爸爸和叔叔们吃的主要是冷冻食物，包括各种冷冻的肉类、速冻的蔬菜和半成品的航空食品。早在海冰卸货时，它们就被直升机从"雪龙"号直接吊运到了出发基地。因为南极温度很低，像一个天然的大冰箱，食物的储存很简单，放雪橇上，再盖上点儿雪就行。为了防止被贼鸥偷吃，我们通常会在上面搭上一层雨布。我们准备的冷冻食物很多，足足装满了一台雪橇，估计到内陆考察结束时还会剩下许多，准备这么多是为了有备无患。在装雪橇时，爸爸数了数，各种肉类占一多半，牛羊肉有三四十箱，速冻蔬菜相对就少了些，不过足以用来丰富一下饮食结构。虽然因为条件限制，爸爸和叔叔们在南极每天的食物没有在国内时丰富，不过考察队给每个人都配发了维生素片和钙片，以缓解因为"偏食"造成维生素缺乏和钙流失。像你们俩这样的小朋友，一定要注意营养的均衡，肉、蛋、奶、蔬菜和水果每天都要吃，一定不能挑食偏食，这样才能长得高高的、壮壮的，也会越来越聪明。

　　现在你们知道了吧，爸爸和叔叔们在这一路上吃的都是自己带的食物。其实，除了爸爸所在的泰山站队，在南极的其他考察站和考察船上，所有队员的食物要么是在国内出发时就装上"雪龙"号的，要么是在路过澳大利亚时补给上船的。你们俩可能会问："爸爸，你们不会在南极找点吃的吗？"因为南极大陆的绝大多数地方一年到头都被冰雪覆盖着，没有植物生长需要的土壤，所以无法种植粮食。想一想，你们跟爷爷种菜时是不是要把种子放到土壤里埋起来呀？另外，南极的气候很寒冷，不适合植物生长，所以南极并不出产任何谷物、蔬菜和水果。等过完春节，天气暖和起来，你们俩要跟着爷爷好好学习种菜哟，希望爸爸回家时能吃到你们俩种出来的蔬菜。

马上要出发的爸爸

12 月 9 日

前往
泰山站

亲爱的晨晨、阳阳：

爸爸正在前往泰山站考察途中的第一座宿营地里，赶了一天路后，坐在暖暖的床上给你俩写信。

　　宿营地距离中山站六十七千米，海拔高达一千一百米。随着对南极内陆的深入和海拔高度的上升，气温明显下降，相比出发基地零度左右的日平均气温，今天下午五点我们到达宿营地时，气温已经下降到了零下七度。爸爸在蓝色的薄羽绒内胆外面，又加上了厚厚的羽绒外套。南极最主要的特点就是温度低，冷！在位于南极冰盖最高点的中国南极昆仑站（海拔 4087 米），冬季的最低气温可以达到零下八十至九十摄氏度。不过昆仑站不是爸爸这次南极考察的目的地，爸爸这次的工作主要是在泰山站展开。泰山站海拔仅有两千六百多米，也不处于南极内陆的中心，相比昆仑站的高海拔、低温、缺氧，泰山站的工作环境要稍微好一些。在站考察期间，泰山站气温预计约为零下二十至三十度。不过，泰山站也有很不好的地方，就是风特别大，身体上会觉得更冷一些。

爸爸是今天上午十点从内陆出发基地出发的。爸爸和其他十六位叔叔组成的泰山站队，排着整齐的队伍接受了考察队副领队和中山站队部分队友的祝福和送行。我们开着七辆雪地车，拖着二十六台雪橇组队向南进发。爸爸开的 PB300 履带式雪地车，是整个内陆车队的第二辆，车后拖着泰山站队全部的三个住舱。这三个住舱是爸爸和叔叔们未来两个月晚上休息的地方，就像你们在幼儿园的午睡室，不过我们的住舱要小很多，每个住舱只能住六到八个人，分为上下铺，很像爸爸中学和大学时代的学生宿舍。虽然舱外的五星红旗和考察队队旗被风吹得呼呼作响，气温也很低，不过爸爸晚上一点也不会觉得冷。住舱里都装有电暖气，床上还铺着电热毯，到达宿营地后，发电舱会马上启动起来，住舱很快就变得暖烘烘的。爸爸驾驶的雪地车很酷，车头左边插着"中国第三十六次南极科学考察队"的队旗，正前方托着一个黄色的大铲子。也正因为这样，这种车被叫作"小黄铲"。驾驶室后边的乘员舱向左右两边分别伸出长长的钢架，悬挂着两套雪冰雷达。雷达可以通过天线朝雪面发射电磁波，然后再接收雪粒和冰晶反射回来的电磁波信号，以测量车辆下方雪和冰的密度、厚度和分层结构。车队今天还发生了一次小事故，因为在停车时没有特别注意钢架的长度，和其他车辆停靠过近，钢架因发生剐蹭而弯曲。为了不耽搁明天的观测，队里的几位机械师在晚餐后顶着寒风进行了修理加固。虽然觉得很遗憾但也于事无补，我们只能在后面的两个月中更加注意，做到安全、安全、再安全。其实在你们这四年的成长中，爸爸妈妈和爷爷奶奶也都十分注意你们的饮食安全、运动安全和生活中方方面面的安全，为的就是希望你们俩能够平平安安地长大。

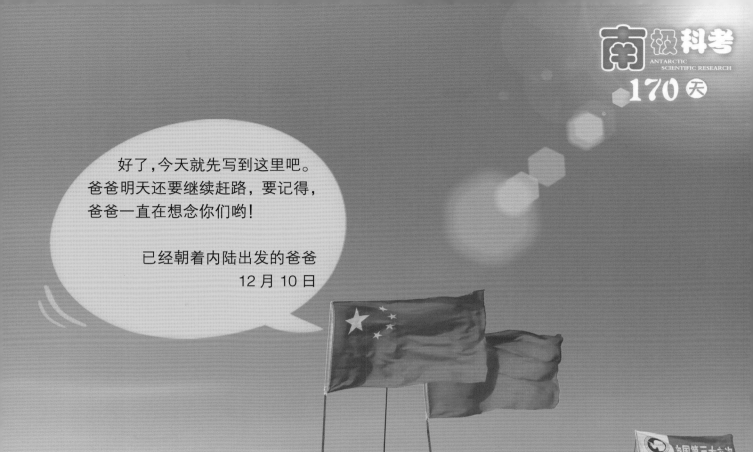

与小动物同行的路途

亲爱的晨晨、阳阳：

　　今天是内陆出发的第二天。因为早上和中午安装 GPS 基站耗费了过长的时间，下午五点半按时宿营时，考察车队仅向着泰山站前进了八十几千米，严重少于原来计划的一百二十千米。

　　这趟南极考察开始至今，爸爸在霍巴特登上"雪龙"号，向南穿越西风带，沿着南极冰区边缘向西行驶，到达中山站外面的普里兹湾冰区，在这段时间里，爸爸每天都能在天空中见到好多种类的海鸥、海燕和信天翁，但是爸爸并不怎么认得出它们具体谁是谁，因为爸爸对海鸟的认识实在是太少了，只能看出它们有不同的体型、不同颜色的羽毛，应该不是同一种海鸟罢了。如果你们俩对它们感兴趣的话，可以好好学习和研究一下，也许未来可以成为鸟类学家。将来一起旅行时，空中飞翔的各种鸟类就由你们俩负责讲解吧，爸爸感觉这样超酷！

　　到达普里兹湾的冰区后，爸爸终于见到了期待已久的企鹅，就是那种你们在电视上看到的高高大大的帝企鹅。帝企鹅是体型最大的一种企鹅，如果它们伸长脖子，要比现在的你们还要高一些。不过它们太胖了，一只帝企鹅差不多等于你们俩加在一起那么重。它们在冰面上，有时候伸着长长的脖子四处张望，有时候扭来扭去地迈着步子，有时候趴在冰面上用两条后腿蹬着冰面懒洋洋地向前滑行。它们趴着滑可比走路快多了，样子真是太搞笑了！

在固定冰区进行海冰卸货时，爸爸还见到了两只海豹，一只是妈妈，一只是宝宝。在距离"雪龙"号不远的冰面上有一个冰洞，它们俩在海里吃饱了肚子，就经常从冰洞里钻出来，若无其事地躺在冰上晒太阳，完全无视旁边昼夜不停工作的我们。海豹宝宝还会经常撒娇呢，一边在海豹妈妈周围拱来拱去，一边"啊，啊，啊"地叫着。海豹妈妈若是扭一下头，翻一下圆滚滚的身子，不理它，这时海豹宝宝就爬到妈妈身边蹭来蹭去，用头拱妈妈的肚子，应该是饿了要吃奶吧！哈哈，是不是很好玩？

中山站不远处有个小海湾，在那里经常能听到海豹的叫声。有时候，在中山广场上，也会有几只海豹来晒太阳。爸爸在中山站停留的那几天，就曾看到有一队小企鹅从中山站中间穿过，很多队员都跑出来，拿着相机对着它们"咔，咔，咔"不停地拍照。不过小企鹅们可不在乎，完全就是一群小明星的样子。这群小企鹅和爸爸之前在冰面上看到的帝企鹅不同，它们属于另外一个种类，叫做阿德利企鹅。阿德利企鹅个头很小，颜色也更加简单，身上像熊猫一样只有黑和白，完全不像帝企鹅那样，头上和脖子上有明亮的橘黄色。

　　当然了，爸爸见到最多的还是贼鸥，它一种比较凶猛的鸟。据说，曾经有的贼鸥一口就啄碎了队员戴的帽子的帽檐。贼鸥名字中的"贼"就是小偷的意思，它们可是坏蛋，会经常偷走缺少照顾的小企鹅，然后吃掉。爸爸在出发基地整理货物时，就有好多只贼鸥远远看到，还跟着飞了过来，一直在我们周围飞来飞去。我们从直升机上卸下来食物后，就要赶快装上雪橇，再用雨布盖起来。不然，贼鸥会趁我们离开时用嘴啄破箱子，把里面的肉衔出来，偷走。昨天上午，我们从出发基地出发后，贼鸥们还不死心呢，一直跟着车队飞了大半天，估计是闻出来我们带了很多好吃的。

　　不过，今天还是挺孤独的，没有其他动物再跟随陪伴我们了，身边只剩下我们自己，一直要持续到两个多月后再回来的时候。南极大陆被冰雪覆盖，温度非常低，也找不到任何生物可以吃的食物，一点儿都不适合生物生存，所以南极也被称为"生命的禁区"。特别是南极的内陆地区，各种条件更加恶劣。不过爸爸和叔叔们已经做好了各种准备，会尽快完成计划中的各项工作，早早地回来。

爱你们的爸爸
12 月 11 日

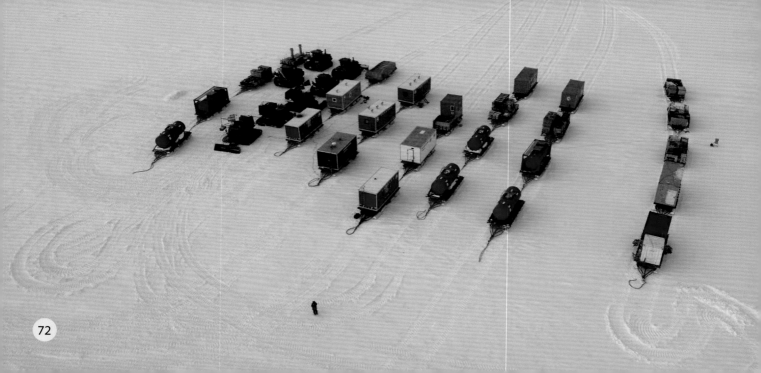

节约用水的"臭"爸爸

亲爱的晨晨、阳阳：

　　悄悄告诉你们一件事情，爸爸变成臭爸爸了！不是你们生气时说的"臭爸爸"，而是真的闻起来臭臭的了。

今天是从内陆出发后的第三天，从出发前一天到现在，爸爸已经四天没有洗澡了。今天晚上宿营时，爸爸前进了两百五十多千米，已经走完了前往泰山站一半的路程，再有三天就能到达泰山站了。估计后面三天爸爸也没办法洗澡，要一直臭到泰山站啦。到时候，一低头从领口冒出来的酸臭味都会熏到自己吧！这几天身上穿的衣服也都没有换，为了舒服一点，爸爸准备过会儿用电暖气烤热湿巾，擦擦身子，换上干净的内衣和裤子。

　　刚才和妈妈用铱星手机通电话，妈妈说，你们看到了爸爸微信发去的"冰盖头"照片，还说爸爸变成丑爸爸了。哈哈，理成一圈光光的、头顶板寸的发型也是没有办法，因为去内陆站的路上没有办法洗澡，把头发剪短，至少头上就不会那么快发臭了，不然爸爸也会嫌弃自己的。

　　你们俩都已经知道了，南极是冰和雪的世界，被厚厚的冰和雪覆盖着，最厚的地方有三千多米，这些都是宝贵的淡水。虽然地球表面大部分都被广阔的海洋覆盖，海洋也储存了大量的水，但那些都是咸咸的海水。这个你们俩肯定知道，记得爸爸带你们俩去海边游泳时，你们俩可都喝了好多口海水，哈哈！咸咸的海水里面有很多盐，苦苦的，不能喝也不好喝。河流、湖泊中不咸的淡水才是我们日常需要的，净化处理后可以供我们饮用和洗澡。因为有这么多的冰和雪，所以南极是世界上最大的淡水宝库，它储存的淡水资源占了地球总量的三分之二还要多。爸爸守着世界上最大的淡水宝库，却不能洗澡，是不是很搞笑啊？

　　不过爸爸身边的这些淡水，是不能直接拿起来就用的。它们都被冻成了冰和雪，是固体的水而不是液体的水，要使用还需要花上一番功夫。水是一种很神奇的物质，在零度以下时就会变成硬硬的冰，温度高一点就变成柔柔的水，温度再高一些还可以变成水蒸气飘荡在空气中。水蒸气上升到很高的空中就会凝结成为云，然后又变成雨和雪落到地面上来。在南极，最不缺的就是雪，每天晚上宿营后，爸爸和叔叔们要做的第一件事就是挖雪，然后用袋子把雪装回来，放到舱门口备用。每个住舱和生活舱都装有一个化雪桶，通上电后就能够加热，把放在里面的雪融化变成暖暖的水。每天早上爸爸和叔叔们洗脸刷牙、晚上洗脸洗脚用的都是这些融化后的雪水，每天做饭、喝的开水也都是这样得来的。雪水相比于河水、湖水，甚至家里的自来水，都显得过于干净了，长时间饮用雪水身体肯定会出问题，因为雪水中严重缺乏对人体健康有益的钙、镁等矿物质，更接近纯净水。在生活中，你们一定听到过"硬水"和"软水"的概念，"硬"和"软"的区别主要在于水里面含有矿物质的多少。爸爸小时候每天喝的水都是用手压井抽取的浅层地下水，烧水壶用过一段时间后，壶底都会积起厚厚的一层白色水垢。你们未来到了中学，学习了化学就会知道，这是因为地下水的硬度太高，加热煮沸后，水中的钙离子、镁离子形成的碳酸钙、氢氧化镁晶体颗粒会从水中沉淀出来。

现在你们知道了吧，在南极用水其实很不容易，所以爸爸这几天就一直忍着，宁愿臭臭的，这也是爸爸理短头发的原因。为了节约用水，在未来的两个月，估计爸爸洗澡的次数都会很少，衣服也不会经常换，主要是换贴身的衣服和袜子。这里清洗衣服也不用洗衣液，在水里浸泡揉搓两遍就好了。

好了，今天就写到这里吧，小宝贝们。

爱你们的臭爸爸
12 月 12 日

第一次
看到冰雪年轮

亲爱的晨晨、阳阳：

今天是内陆出发的第四天。经过四天的行驶，晚上宿营时我们终于到达了离中山站直线距离三百千米的营地。因为在这个营地安排了设备安装和冰雪采样的任务，所以车队就早早地扎了营。

宿营后，爸爸就开始了这次南极之行的第一项科学考察任务，为中国气象科学院安装一台气象自动观测站——熊猫300。明天到达距离中山站四百千米的营地时，爸爸还要安装另一台气象自动观测站——熊猫400。它们都是南极内陆气象观测系统的一部分。中国气象科学院计划在中山站到昆仑站一千多千米的路线上每隔一百千米就安装一台气象自动观测站，全面监测从南极大陆边缘到南极冰盖最高点的气象数据，为南极和全球气象预报和研究服务。气象研究其实是爸爸的老本行，爸爸大学时学习的专业就是大气科学。这里晚上天很冷，温度计显示只有零下十八度，好在很多队友都来帮忙了，挖雪坑、架支架、装设备、扎线缆。一个多小时后，气象站就开始采集气象数据了。这就像你们俩在幼儿园一样，很多小朋友互相帮助，一起完成任务。特别是在南极这种极端环境下，一个人的能力是很有限的，队友间共同协作是做好工作的关键。

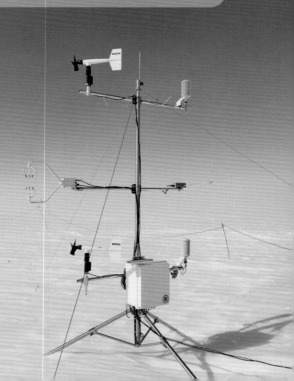

今天爸爸发现了一件特别有意思的事情，原来南极的雪和我们常见的树木一样，有年轮。你们俩一定发现了，家里的木质家具上有着很多花纹，这些花纹就是树木的年轮。如果把一棵树横着锯开，你们就能看到有很多大大小小的圆圈，一环套一环，有多少个圈圈，就说明这棵树长了多少年，有多少岁了。如果你们再仔细一点，还能看到圈圈之间的缝隙有些宽一点，有些窄一点，宽的那些可能因为那几年气候适宜，雨水丰沛，树木长得就快一点儿。

南极虽然一直在下雪，但不同季节也有所不同。南极的一年可以分为短暂的夏季和漫长的冬季，夏季气温略高、降雪较少，而冬季则气温低且降雪多。夏季，白天强烈的阳光会使地面上的雪慢慢融化成水，向下渗透；晚上这些融化的雪水又重新凝固，冻在一起；最终，夏天的全部降雪会被冻成硬硬的、薄薄的一层冰。而在冬季，南极会进入寒冷、漆黑、漫长的极夜，就算在那些有短暂白天的日子里，太阳的高度也很低，只在地平线附近打转儿，阳光矮矮斜斜地照着地面，雪面温度也不高，从天空降下的雪粒不会融化，直接一层一层压在原来的雪面上，这段时间的积雪相对而言比较松软。这样，从夏天到冬天，一年又一年，雪就一层硬一层软地堆积起来。如果直直地向下挖一个大雪坑，用手电筒打光到坑壁上，就能清楚地看到一层层雪的年轮了。因为新下的雪会落在上面，所以上面的雪的年龄比较小，而下面那些的年龄就比较老了。如果能够一层一层数清楚雪的年轮，就能准确判断哪一层雪是哪一年降下的，是不是很神奇呀？

南极科考
ANTARCTIC
SCIENTIFIC RESEARCH
170 天

  根据树木的年轮，可以知道树木的生长状况；依据雪的年轮，也可以知道每年的降雪状况。有两位和爸爸同行的叔叔做的就是冰雪研究，除了测量雪的年轮，他们还要收集不同层面的雪，带回国内分析，检测雪的化学成分，用来分析我们每天的生产、生活会不会通过大气的循环、水的循环对遥远的南极造成污染，以及造成多少污染。如果能够分析化验两三百年前至今的雪的样本，就能看到人类社会的发展，特别是工业革命后的工业大生产对地球造成的破坏有多大，或许这更能提醒我们要好好保护环境、保护地球、保护人类生活的家园。

第一次看到冰雪年轮的爸爸

12 月 13 日

抵达
泰山站

亲爱的晨晨、阳阳：

　　告诉你们一个好消息，今天下午七点多，爸爸终于到达了这次旅行的终点——中国南极泰山站。以后的两个月，爸爸和叔叔们会在这里安装设备，开展天文和空间物理观测活动，采集冰雪和大气样品，过着与世隔绝的生活。直到天气变得恶劣，才会离开泰山站。

　　泰山站是我们国家在南极建设的第四个科学考察站，也是我国设在南极内陆的第二个科学考察站。泰山站的外观非常独特也十分醒目，红红的、圆圆的，还扁扁的。有人说像一只红灯笼，有人说像一架外星飞碟，还有人说像老北京铜火锅。哈哈，真是说像什么的都有！过几天，等里面设施检修调试好了，爸爸和叔叔们就会搬到这个"红灯笼"的肚子里居住。

今天是从中山站出发后的第六天，也是整段路程的最后一天。车队共有七辆雪地车、十七名考察队员。按照计划，每辆车由一正一副两个驾驶员轮流开车，其中厨师和医生要准备每天的饭菜，需要比其他队员提前一个小时起床，所以就不参与途中的开车任务了。爸爸的"小黄铲"上除了爸爸外还有两位队员，他们负责中山站到泰山站途中的冰雷达观测工作，比如及时查看观测状态，处理仪器设备出现的问题。所以爸爸的这辆车上只有爸爸一个人开车哦！

在过去的六天里，爸爸经历了三天的白化天。白化天，是一种南极常见的天气现象。当太阳光照射到雪面上时，会被反射到低空的云层中，云层中的无数小雪粒又像千万个小镜子，使光线四散开来，来回反射产生出令人眼花缭乱的乳白色光线，形成一个白蒙蒙、雾漫漫的白色世界。地面是白白的，天空是白白的，空气中飘飞的雪粒也是白白的，所以眼前所见都是白茫茫的，天地之间浑然一片。人和车仿佛融入了浓稠的白雾中，周围什么都看不清，分不清远近、看不清大小，更难以判别方向。在这样的天气里，爸爸开一天车累得脖子酸眼睛疼。为了看清前面的路，爸爸开车的姿势变得很奇怪，身子前倾、脖子伸长，紧紧地盯着地面上前车留下的车辙。

南极的雪面并不平坦，在风的吹动下，雪面高高低低，有些地方甚至积起高高的雪陇，而有些地方雪面看似平整，但下面却很松软，雪地车压过去就会产生一个大坑。如果不减速，人就像坐过山车一样，时而前仰后合，时而左右摇晃，有时候实在无法看清前面的路况，难免产生大的颠簸，所以一路上经常从对讲机里听到有人从椅子上摔倒在地上时发出的惊叫声，还有队员飞了起来，把车窗玻璃都给撞裂了！

　　爸爸已经这样开了五天车，所以今天一天特别累。好在我们的雪地车行进速度很慢，一小时只走十四五千米，而且车队中每辆车的间距很大，基本保持在一千米以上，所有车的车速也基本固定不变，所以还是挺安全的，你们放心吧。

晨晨、阳阳，爸爸给你们写信写着写着就想睡觉了。明天考察队会修整一天，后天爸爸就要正式开始在泰山站的工作了，以后爸爸给你们俩写信可能会少一些，可不要说爸爸偷懒喔！当然，没有网络，写了也没法发给你们，在路上写的那几封信你们到现在不是也没看到嘛！

开车很辛苦的爸爸

12 月 15 日

好玩的雪滑梯

亲爱的晨晨、阳阳：

　　今天是 12 月 17 号——爸爸在泰山站的第二天。经过昨天一整天的休息，旅途的疲劳已经一扫而光，大家的精神都好了很多。今天上午又是白化天，下午虽然天晴了，但仍有不小的吹雪，虽然天气并不好，爸爸和叔叔们还是按计划开始了在泰山站的工作。

　　泰山站的固定建筑除了红灯笼式样的主楼外，还有一套表面看不见的设施，里面装有两套大功率发电设备，可以为度夏工作提供充足的电力，化雪装置能加热、融化冰雪以提供生活用水，还有污水处理系统用于收集和净化生活污水。这套设施埋藏在雪面以下，所以叫"雪下能源栋"。其实，它原来的方案是一辆"能源列车"，把这些设施像长长的高铁列车那样布置在雪面上。后来工作人员发现泰山站虽降雪很少，但是雪面若有物体，阻挡了风的通过，积雪就会非常严重，于是改成了现在的雪下建筑。雪下能源栋是去年建设完成的，经过一年的风吹雪积，对外通道，包括人员设备入口、储油箱加油口、融雪箱加雪口、通风口和应急逃生出口，都被掩埋在雪下面啦！

　　今天要完成的工作并不多，主要是为后面即将开展的工作做些准备。爸爸和叔叔们今天的任务就是把这些出入口都清理出来，换句话说，就是爸爸挖了一天的雪！还记得去年冬天吗？上海下了几场小雪，每次雪后，你们都穿着厚厚的衣服出去玩雪、堆雪人。上海的温度较高，地面上和花草树木上的积雪都是湿湿的、软软的。泰山站可不一样，白天的气温接近零下二十度，干干的雪粒压在一起、冻在一起，硬邦邦的。出入口的积雪变成了硬硬的一片，挖起来可真不容易，要先用铲车大力开挖到出入口旁边，后面则要靠人力慢慢挖。我们用铁锹铲下雪块，搬到小黄铲的铲斗里拉走，这样的工作效率最高。泰山站的海拔有两千六百多米，空气中的氧气含量和海拔三千多米的拉萨差不多。爸爸工作一会儿就需要休息一会儿，不然会感觉喘不上气来。

在泰山站，爸爸发现了一个好玩的地方，你们俩要是来了，一定很喜欢，它就是围绕在泰山站周围的雪滑梯。前天在给你们的信中爸爸说过，泰山站就像一个大大的红灯笼，最下面的、粗粗的钢支架把"红灯笼"高高地举到空中。这里的地吹雪很大也很频繁，如果没有"红灯笼"的阻拦，风就会裹挟着雪粒直接就吹过去。但是举在空中的"红灯笼"改变了附近空气的流动。虽然"红灯笼"圆润的流线设计有利于风从周围吹过，但这几年在它的周围还是积累起了高高的雪坡。远远地看泰山站，"红灯笼"就像被放在冰雪堆出来的火山口一样。不过这个"火山"不是很高，和远处没有积雪的地方比，只高出三四米，坡度缓缓的、不陡峭。当风吹过"红灯笼"时，有些空气被向下压，从它的下面高速穿过，所以"红灯笼"的下部并没有积雪。就这样，"红灯笼"下面形成了一个天然的环状雪滑梯，这样大大的一圈雪滑梯，足够你们班的小朋友都来玩啦！爸爸想，这样的雪滑梯，你们俩一定会喜欢！

滑雪滑梯的爸爸

12 月 17 日

南极的紫外线

亲爱的晨晨、阳阳：

　　你们这两天想爸爸没有？爸爸突然想起来，已经好几天没有给你们写信了。今天，就来给你们讲讲这几天爸爸都做了什么吧。

　　大前天，也就是到达泰山站的第三天，爸爸和叔叔们冒着风雪，在上午选好了安放天文和空间物理两个观测舱的位置，下午则用吊车把两个观测舱吊装到位。观测舱被放置在泰山站东南方约一百五十米的地方，处于上风向，不会被其他设施阻挡而导致前方积雪。车队住舱在站区的另一端，距观测舱有三百多米，距离不算太远，但爸爸每天工作走过去还是有点累。因为南极天气寒冷，爸爸和叔叔们在外工作时，身上都要穿上保暖内衣、羽绒内胆和连体服，脚上套上棉脚套和足有五六斤重的雪地靴。说实话，穿成这样在海拔两千六百多米的泰山站走起路来真不轻松！

今天爸爸全天在空间物理观测舱工作，安装了空间物理观测所需的很多配套设备和一台 GPS 信号闪烁仪。其中，网络交换机能够为舱内所有观测仪器提供网络服务，存贮服务器能够备份存储全部观测数据，备用 UPS 电源能够保证观测仪器在电源切换时不会发生意外关机。GPS 信号闪烁仪包括一个像电脑机箱一样的白盒子和一个延伸到舱外像蘑菇一样的卫星电线，它们可以接收和分析 GPS 和北斗等导航卫星发射的电磁波信号，然后根据信号的变化测量地球上空电离层的变化。你们是不是感觉爸爸讲的这些都很无聊啊？认识和研究世界的过程一般都会枯燥一些，不过这正是人类社会知识积累的过程呀！

　　比如，很早以前，古代的人们相信"天圆地方"，也就是天空是圆的，大地是方的，星星像宝石一样镶嵌在天上。经过一千多年人们对地球的不断认识，现在就连还在上幼儿园的你们都知道地球是圆的，地球外面有大气层，而星星都远在地球大气层之外。不过你们还不知道的是，地球的大气层很厚很厚，或者说很高很高，而且分成好几层。我们所生活的、最下面的这一层是对流层，电视上天气预报所说的风云雨雪，还有轰隆隆的打雷和闪电都发生在这一层。对流层往上是平流层，这一层内空气平稳，飞机主要就在这一层飞翔。而飞机起飞和降落时会穿过空气上下剧烈运动的对流层，所以有时颠簸摇晃得很厉害。地球的大气层一直默默地保护着在地球上生活的我们，它每天都在给我们提供呼吸所需的氧气，还吸收着太阳发出的紫外线，不然我们都会被紫外线晒得黑黑的，过量的紫外线照射还会引发严重的皮肤疾病。南极的紫外线比上海强很多，所以爸爸现在已经变得黑黑的了。

爸爸觉得大气层最重要的作用其实是能够阻挡小行星对地球的"攻击"。火星和木星之间有一个小行星带，经常有小行星因为碰撞而脱离轨道，万一它直直地朝着地球撞过来就麻烦了！幸亏地球有大气层，小行星进入地球大气层，因为和空气摩擦，温度会很快升高，从而燃烧起来，形成一条条划破夜空的美丽痕迹，这就是大家常说的流星。大部分流星还没到达地面就燃烧完了，偶尔到达地面的绝大部分都是小小的，没有太大的危险的了。不然地球会被它们砸出一个又一个的大坑，小朋友们也要天天小心被砸到头哟！据说，曾经就有一颗巨大的小行星没有燃烧完撞到了地球上，霸占地球几亿年的恐龙就因此灭绝了。不过你们也没必要过分担心，能真正威胁到地球的小行星极少极少。爸爸的同行们，也就是天文学家们也在时时刻刻地保护着地球，他们每天晚上都密切地注视着太空，希望及时发现太空中存在的危险，并找到消除危险的方法。

变黑的爸爸
12 月 21 日

"呼呼"的狂风

亲爱的晨晨、阳阳：

今天是爸爸在泰山站的第九天。

昨天下午，厚厚的云层逐渐从天空的四周向中心汇聚，风力也逐渐加强。被大风卷起的细细、干干的雪粒，随着风钻入每一处缝隙，越过宿营区和泰山站主楼并在它们的后面积起雪堆。因为昨天是泰山站选址的纪念日，也恰好是队长的生日，所以我们的大厨第一次启用了泰山站主楼的厨房，做了一顿大餐。晚上，风力持续增强，爸爸躺在住舱内都能听到外面呼呼的风声，也能感觉到住舱被风吹得晃来晃去，仿佛乘坐"雪龙"号飘在海面上一样。

　　今天早上吃早饭时，爸爸明显感觉到天气变得更加恶劣了，气象预报预测的风力是四到五级，能见度五到十千米，但其实我们只能看到一两百米外的物体。和国内乌云满天不一样，在南极，虽然厚厚的云层完全遮住了太阳，但是天上所有的云都是白色的，地上的积雪也是白色的，空中飞舞的雪粒也是白色的，它们散射、反射的阳光依然很强烈，晃得人眼睛睁不开。放眼望去，四周的一切都是白色的，分不清哪里是天，哪里是地，只有我们带来的车辆和安装的设备在风雪中若隐若现。暴风雪中，根本分不清雪是从天空落下的还是狂风从别处吹来的。

　　因为天气恶劣，爸爸迎来了在站工作八天后的第一个休息日。因为想念你们，爸爸专门用考察队的铱星固定电话给家里打了个电话，相比爸爸铱星手机的糟糕音质，固定电话能让爸爸清晰地听到你们的声音。不过不巧，妈妈说你们这两天因为生病在家休息，打电话时你们都在睡觉。妈妈给爸爸讲了很多你们的事情，比如，老师特别奖励晨晨一盒画笔，因为晨晨自己独立完成了节约用水的绘画。妈妈说，你们现在虽然有些贪玩，但你们进步都很快，每天都能给妈妈惊喜，等爸爸明年回家时就会看见两个和爸爸离开时完全不一样的小宝贝啦！爸爸很期待明年 4 月 12 号在极地考察码头和你们相见的那一刻！

今天休息一天，没有工作的时候，爸爸感觉时间过得很慢很慢，人也没有精神。明天不管什么天气，爸爸都要开始工作了。

在休息的爸爸
12 月 24 日

在南极工作可不容易

亲爱的晨晨、阳阳：

　　今天，爸爸给空间物理观测舱安装了两台极光成像观测仪。"极光成像"听起来很深奥，实际上就是给极光拍照片。极光成像观测仪和爸爸用的天文望远镜工作原理其实差不多，不过体积要小很多。爸爸做天文观测主要是拍摄太阳系以外的天文现象，而极光是在地球大气层内发生的现象。天文观测要看的星星离我们都很远很远，要看清它们需要很大很大的望远镜。而极光爆发时很明亮，在南极装上一些小望远镜就可以拍摄得很清晰。

　　为了成功安装两台极光成像观测仪，爸爸这两天可是吃了不少苦。极光成像观测仪必须安装在观测舱的内部，镜头向上，正对着舱顶。要想拍摄到外面的极光，需要在舱顶天花板上挖出一个通光的圆孔。为了减少南极的现场工作，观测舱在设计制造时已经开好了孔，不过为了安全运输时又用铆钉封上了。前天下午，爸爸和队友煜尘叔叔爬到观测舱顶，坐在上面，用螺丝刀把封口取下，换成半球形的透明玻璃罩。这样，在冬季观测时，既可以防止风雪进入观测舱，又不会阻挡光线。这些天天气一直不大好，为了保证工作按计划推进，爸爸和叔叔只能顶风工作，我们都没有戴面罩，风卷着雪粒撞到脸上，割得生疼。要取出和装上的螺丝都很小，所以我们经常要脱掉手套工作，当时气温已经零下十八九度了，我们的手指很快就被冻得僵硬，我们只能趁做其他不需要脱手套的工作时，赶快戴上手套暖暖。等到舱顶的三个玻璃罩安装完成时，我们隐隐到感觉十个手指头的指尖都是麻麻的，好像已经冻伤了。

在之前给你们的信中，爸爸给你们讲解了极光产生的原理。当然，做极光研究并不只是看到极光很美丽，拍下照片欣赏而已，而是要了解极光产生的原因和带来的影响。极光产生的源头是太阳，通过对极光的观测可以了解太阳的活动。太阳的剧烈活动爆发出大量能量和抛出来的炙热气体跑到地球附近时，会和地球磁场产生作用，严重的时候还会引发灾害性的空间天气，比如，会让天空上飞行的卫星损坏失灵，威胁在空间站生活的宇航员叔叔的生命安全。极光的研究、空间物理的研究就是为了对太阳活动和地球磁场、电离层有更多的了解，争取将来能像天气预报一样，对空间天气进行预报。

爱你们的爸爸
12 月 25 日

在南极留下你们的名字

亲爱的晨晨、阳阳：

　　现在是泰山站晚上的十一点钟，在上海的你们已经开始第二天的生活了。今天晚饭后天气晴好，几乎没有一丝风，"红灯笼"顶上高升的国旗只是偶尔摆动一下，旁边风力发电机组的四台大风车都不转了，真是难得的好天气！现在爸爸坐在泰山站一千米外的小黄铲驾驶室里，同济大学的郝叔叔正操纵着一架无人机拍摄泰山站区域的无人机正射影像，实际上就是在做泰山站的照片地图。我们在无人机下面装上相机，按照事先规划好的路线一张一张地从空中对地面拍摄照片，然后用软件把照片拼接起来，构成泰山站周边完整的地形地图。

　　南极正处于极昼，时间虽然已将近子夜，太阳也落在了地平线以下，但因为空气对太阳光的折射和散射，天空依然非常明亮，再过一小会儿，太阳就会从东北方再次升起。爸爸是泰山站队的副队长，有协调安排泰山站队科研项目工作的责任。最近一段时间，白天的时候爸爸要执行自己的科考任务，安装天文和空间物理观测设备，晚上的时候爸爸就会开车和郝叔叔一起完成他所承担的科研任务。他的工作是拍摄泰山站周边三千米内的无人机影像，并在这个区域内进行冰雷达遥感测量。因为无人机飞行受天气影响很大，在风小或者无风的夜里，爸爸都会和郝叔叔一起出来拍摄无人机影像。在天气不理想的夜里，我们就一起外出做车载冰雷达探测，就像在来泰山站途中一直做的那样。

　　来到南极这么长时间，爸爸对南极最大的感受就是——没有风景。放眼望去，除了冰雪还是冰雪，如果硬要说每天有什么不同，可能就是天气不一样吧！在南极，一个人单独远离站区是非常危险的事。四顾张望，所有的方向都一样的白茫茫的一片，没有任何参照物。天气晴朗时，我们可以根据手表上显示的时间和太阳的位置，大致分辨出东南西北，但是南极的天气变化很快，如果遭遇白化天，泰山站可能近在咫尺你都看不见。为了安全起见，内陆考察期间严禁单人外出作业，必须两人或两人以上结伴同行，还要带上GPS和对讲机，遇到危险就要及时呼叫。因为郝叔叔的工作主要在野外，所以基本上他每次出去，爸爸都会陪着一起去。

　　今天早上起床后天气很好，但早饭后又开始下雪，本以为今天又要重复过去几天的恶劣天气，但午饭过后，天气转好，风很小，于是，爸爸就加紧开始干活啦！首先，爸爸把这次泰山站之行最重要的任务——三台空间碎片监测望远镜安装好，并开始调试。晚饭过后，爸爸和机械师曾叔叔一起爬上天文观测舱，在舱顶上安装了一台全天相机。它能够每隔几分钟就对整个天空拍摄一张照片，这样爸爸就可以通过照片分析出天空的什么方向有云或是极光，它们将天空遮挡住了多少。等积累一年的数据后，爸爸就可以评估出泰山站这个地方到底适不适合进行天文观测，以及观测的效率有多高了。

爸爸在北京时间的晚上八点钟给你们打了电话，但妈妈说你们俩中午没有午睡，下午还去上了一节舞蹈课，所以没吃晚饭就早早睡觉了。爸爸已经好多天没听到你们的声音了，真想念你们啊！

想念你们的爸爸
12 月 27 日

缺氧让爸爸变"傻"了

> 亲爱的晨晨、阳阳：
> 　　和昨天一样，此时此刻爸爸正坐在小黄铲里，一边想着在家中呼呼大睡的你俩，一边给你俩写信，郝叔叔正在操纵着无人机从空中对着地面不停地拍摄照片。

虽然昨天爸爸已经把望远镜的各个组件拼装完成了，但是还没有把整个系统调试到可以观测的状态。所以今天爸爸一直在围着那三台空间碎片监测望远镜转，忙了一整天，终于完成了它们的硬件、软件调试，只等天文观测舱外的支架做好，将望远镜安装到上面，就可以开始工作了。

昨天爸爸做了一件特别搞笑的事情，不知道是不是因为泰山站的海拔比较高，爸爸的大脑缺少氧气，变傻了。为了能从望远镜里看到清晰的图像，并将图像保存到电脑上，爸爸首先把望远镜后面的相机用数据线连接到控制电脑上，以便用电脑上的控制软件可以实时查看望远镜拍摄到的图像。拍摄到的照片清晰不清晰，关键在于望远镜的焦点调得是否准确。为了调焦，爸爸在几十米外的雪地插了一根竹竿作为观测目标，并画上了刻线，希望通过查看竹竿和刻线是否能清晰地被看到，来判断望远镜的焦点调节得是否准确。但是不管怎么调焦、怎么调整望远镜指向，始终连竹竿的影子都没看到。晚上给国内打电话后我才想起来，南极的环境和国内很不一样。国内到处都是房屋、树木，很容易通过参照物找到目标。而南极除了颜色均匀单调的冰雪、天空外什么都没有，望远镜视野又很小，确实很难用望远镜找到一根细细的竹竿。想通了这点，今天爸爸就把小黄铲开到望远镜前方几十米的地方，在右侧的雷达支架上又放上了相机包装盒作为更精确的目标，然后不断旋转调焦旋钮，直到看清包装盒上字号最小的英文字母才算完成了工作。

你们有没有觉得安装望远镜其实也挺有趣的？还记得书房的一角有一台小望远镜吗？如果你们有一天对爸爸说："爸爸，我们可以把望远镜拆掉看看里面吗？"爸爸会非常高兴，如果你们能再把它装好，爸爸就更高兴了。

爸爸撤离泰山站后不久，南极就会慢慢地进入极夜。因为在太空中漂浮的空间碎片会反射太阳光，所以它们自己会显得很明亮，那时只用很小很小的望远镜就能看到个头稍大一点儿的碎片了。如果把接到望远镜后面相机的曝光时间设置得长一些，就能看到它们在照片上划出一道长长的亮线，就像流星一样。人类对太空的开发利用越来越多，发射的火箭和卫星也越来越多，随之产生的太空垃圾也越来越多。太空垃圾主要包括火箭发射过程产生的残骸、失去控制的卫星，以及它们之间相互碰撞时产生的碎片。这些空间垃圾越来越多，时常威胁到正常运行的卫星和空间站，它们可能会撞坏卫星，给空间站钻上个小洞，也可能不小心撞到在舱外行走的宇航员叔叔呢！爸爸这次来南极安装的空间碎片监测望远镜就是为了对付这些空间垃圾，通过给它们拍照片及时地发现它们，计算它们的运行轨道，预报它们会在什么时间出现在什么位置，从而评估它们的危险系数。

　　对了，告诉你们俩一个好消息。今天爸爸已经搬到了泰山站主楼了。未来一个多月的时间，爸爸就会就住在"红灯笼"里面。虽然房间数量有限，还做不到每位队员一个房间，但和六七个人同住的住舱比起来，还是要宽敞许多，位于"红灯笼"正中心的大厅提供了吃饭、休息和工作交流的空间。最主要的是"红灯笼"里面建有浴室，可以供大家洗澡，爸爸马上就不是臭臭的爸爸了。

已经不臭的爸爸

12 月 28 日

为保护南极而努力

亲爱的晨晨、阳阳：

这几天你们过得怎么样呢？上次给你们写信后，不知不觉已度过元旦，进入了 2020 年。最近一段时间，爸爸和叔叔们一直在忙着工作，赶着时间完成这次的考察任务，同时给其他队友提供力所能及的帮助。

前几天在和中山站进行例行工作通话时，我们得知澳大利亚政府代表团最近会来泰山站进行南极视察。澳大利亚代表团到泰山站进行南极视察是为了监督爸爸和叔叔们，以及之前的历次泰山站考察队是否严格遵守了《南极条约》。《南极条约》要求所有的南极考察活动只出于和平目的开展，同时必须要保护南极的自然生态。我们国家作为《南极条约》协商国之一，有责任和义务遵守《南极条约》，并监督其他国家同样也遵守《南极条约》。所以不只是其他国家会对中国南极考察站进行视察，我们国家也会组织政府代表团去其他国家的南极考察站进行视察。这样做的目的是为了保护全人类的共同利益，让人类拥有一个洁净美丽的南极。

　　泰山站在设计建设中充分考虑了环境保护的需求。比如，泰山站的主楼设计成架在空中、流线型的"红灯笼"，把提供电力供应的能源栋修建于雪面以下，这些措施都能有效地减少风的阻力，从而尽可能少的对泰山站周边的地形地貌产生的影响。在泰山站内部，卫生间安装的是焚烧马桶，爸爸和叔叔们每次上过厕所后，按下电源键，就把"臭臭"烧成灰烬，这就省下了冲洗马桶的水，同时也解决了臭臭的处理问题，最后只需要把燃烧剩下的灰运回去就行。虽然有洗浴间，但为了减少产生的污水，爸爸和叔叔们还是坚持半个月才洗一次澡。雪下能源栋装有污水处理设备，生活污水会在这里经过净化，达到标准后才会排放。而其他的生活和建设垃圾都是用雪橇拉回中山站，装上"雪龙"号运回上海再进行处理。

　　这两天爸爸没有进行科学项目的工作，而是帮着其他叔叔一起安装太阳能和风能发电设备。太阳能来自太阳光，而风能来自空气的流动，本质上它们都是来自太阳的能量。相对于煤炭、石油和天然气等化石能源，太阳能和风能是新能源，它们不产生会造成地球变暖的二氧化碳等温室气体和其他污染物，所以也被称为绿色能源。考察队去年已经安装了两排太阳能板和两台风力发电机，这次爸爸和叔叔们还要安装四排太阳能板和两台风力发电机。待它们并网发电后就能完全满足泰山站的用电需求，不需要再使用发电机用燃油发电了。所有的这一切努力，都是为了给世界保留一个洁净的南极。南极考察不能抱着认识南极的想法来到了南极，却反而破坏了南极，你们说对不对呀？人类认识和了解南极的最终目的是为了保护南极。

保护南极的爸爸

1 月 7 日

重返 中山站

亲爱的晨晨、阳阳：

爸爸现在已经回到中山站了，终于又回到了有网络的世界了。

爸爸和叔叔们是2月8号中午离开泰山站的。前一天上午我们就已经搬离了"红灯笼"，住到内陆车队的住舱中。搬家时，大家一起把站区内所有的设施都仔细检查了一遍，将留下的所有物资整理清楚、摆放整齐，把所有的垃圾都收拾干净捆扎到雪橇上。没有用的、能带走的全部打包带走，争取不给南极留下一丝污染。

一月份时，泰山站白天的气温还能维持在零下 20 度以上，虽然爸爸的手指也因为经常需要脱掉手套工作而被冻得指尖发麻，但身体的其他地方都没有冻伤。

进入二月份，泰山站的天气急剧恶化，风雪不断。气温一路下降到零下 30 度，晚上的最低气温已经达到零下 36 度。一次户外工作后，队友就提醒爸爸需要用冻疮膏涂抹一下鼻子，因为一侧鼻翼的颜色已经不太对了，当时爸爸并没有太在意。又过了两天，整个鼻子都变得又紫又黑了，上面的皮肤还硬硬的，好像在鼻子上带了一个罩子。

我在世界尽头，见证我们的爱情

撤离的那天早上，爸爸早早起床，想去先查看一下观测设备的工作状态。洗漱完毕，爸爸发动小黄铲，朝着天文和空间物理观测舱的方向驶去。因为风雪实在太大了，爸爸根本看不到它们的位置，只能根据自己的感觉大致估计了一个方向，行驶了一段时间后，却一直没找到"红灯笼"。爸爸想，可能方向不太对，又用小黄铲原地转了两圈，才终于找到了"红灯笼"模糊的影子。后来听一个队友说，他早上也想到"红灯笼"取一下遗留在房间的物品，走了一段感觉不对，就只好顺着自己脚印原路返回了。他甚至都没看到"红灯笼"，哈哈！

后来，爸爸和叔叔们一起对泰山站的所有设施做了最后的安全检查，在暴风雪中站在"红灯笼"前留下了一张合影。午饭后，车队出发，朝着大海的方向、中山站的方向一路进发。大家都有些依依不舍。泰山站，可能是我们一辈子只能来一次的地方。

　　和来泰山站的路上一样，在返回的途中，爸爸也要协助队友完成科研观测项目。不过，爸爸同车的队友换成了两位做冰雪研究的研究生。他们都是九零后，比爸爸小了十几岁。爸爸发现他们工作起来都很认真刻苦，因为有大量的冰雪样品采集任务，他们俩经常在雪坑里一待就是几个小时。一路上，爸爸陪同他们每隔十千米就停车、挖雪采样、测量气温和雪温。这样，回到国内的实验室后他们就可以分析雪里面有什么化学成分，看看人类在南极以外地区对环境造成的污染，会对遥远的南极产生多大的影响。途中，我们还一起做了另一件有趣的事，就是测量路上每根竹竿的高度。这些竹竿都是以前考察时插在雪面上的，每隔两千米就有一根。科考人员每次路过时都会记录一下它们的高度和精确的 GPS 位置，再通过前后数据的对比，就可以知道这个地方去年下了多少雪，这个地方的冰往什么方向流动了多远了。爸爸一路就是这么回来的！是不是很有意思啊？你们以后想不想来南极进行科学考察呢？

在 13 号的下午，爸爸和叔叔们回到了距离中山站三十千米的雪上机场，这里主要是为我们国家首架极地固定翼飞机——雪鹰 601 服务的。为了开展南极航空调查，爸爸工作的单位——中国极地研究中心在 2011 年购买了这架飞机。雪鹰 601 上安装的科学调查设备可以用来探测南极冰川的分布结构和冰川下面的岩石地形。听说冰川学家已经用这架飞机发现了很多冰下湖泊和冰下河流，不知道里面是不是生活着很多奇怪的生物呢？要想知道这个答案，估计未来需要放一些视觉机器人进去看看才行。

关于机器人，在爸爸妈妈翻译的《玩转星球》这本书就有详细的介绍呢。在未来，机器人会是我们人类在生活、工作、研究领域不可缺少的合作伙伴，也会是进行宇宙和深海探索的先行者。它们可以前往人类难以到达的地方，依照指令完成非常危险的工作。这些指令可以是人们远程发送过去的，也可以是在制造机器人时直接设置在机器人的大脑里的。如果你们俩对机器人感兴趣的话，爸爸回家后可以把《玩转星球》中的相关内容读给你们听。

除了开展科学调查，雪鹰 601 也承担快速运输、应急救援任务，当有队员受伤、生病或有生命危险时，雪鹰 601 会充当救护机把队员转运到距离南极最近的澳大利亚接受治疗。

在固定翼新机场停留一晚后，爸爸和叔叔们就继续向中山站进发了。因为还有十几根竹竿需要测量，爸爸和另外两个叔叔就先行出发了，并且走的是和大部队不一样的路线。因为以前树立的竹竿是在老路线上，大部队走的是这两年探查的更安全的新路线。出发前，队长特别叮嘱，最后这段路程离海边近，冰川流动剧烈，流速也不均匀，冰裂隙特别多，一定要一边慢慢走一边仔细看，关注冰裂隙，做到安全第一。因为那天天气不好，我们有几根竹竿没有找到，也许它们已经随着融化的冰川进入大海了。在整段路程测量的终点，也就是从中山站出发的第一根竹竿前，爸爸和两位队友拍照留念。站在这里，可以看到远处已经是蔚蓝的大海，经过一个夏季的升温，中山站所在的拉斯曼丘陵附近海域漂浮的海冰已经融化，只剩下巨大的冰山用大块的白色点缀着那片蓝。

继续行进，就快要到达爸爸和叔叔出发时的内陆考察出发基地了，远远地，就能看到中国和俄罗斯的国旗在风中飘扬，中国考察队的内陆考察出发基地和俄罗斯的雪上机场比邻而居。雪鹰601现在借用的就是俄罗斯的雪上机场，它每次航空调查作业都是从这里起飞的，而我国每年需要给俄罗斯考察队提供一百多桶燃油作为租金。今年，考察队在三十千米外的冰盖上修建了自己的雪上机场和候机楼，雪鹰601在南极终于有了自己的家。那天，你们是不是很奇怪爸爸当时怎么从俄罗斯打来电话呀？那是因为爸爸和叔叔在泰山站工作的那段时间，俄罗斯考察队在机场边架设了手机信号基站。虽然只是2G信号，但足以满足语音通话的需要了。爸爸打开手机，就会自动连接上俄罗斯的基站信号。打电话时，爸爸的声音会先进入俄罗斯考察站，通过卫星通信发送到俄罗斯国内，然后再通过国际光缆通道到达上海。我们的声音可是在地球上绕了大大的一圈呢！

　　虽然爸爸还没有回到你们身边，但总算离你们更近了一点。按照原定的考察计划，我们将乘坐"雪龙号"，在澳大利亚换乘飞机，再有一个月的时间爸爸就能回到上海了，真的很期待那一天！但是，因为新冠疫情在全球，特别是澳大利亚的蔓延，爸爸也不知道具体哪一天能回到国内。

　　从泰山站撤离前，考察队组织人员对泰山站的工程项目进行了验收，座谈时表示考察队可能会乘坐飞机提前回国。但后来，因为疫情的发展，我们的回国计划多次修改，一度提前到3月底，又推迟到4月。

  但是再完美的计划都赶不上变化，就在写信的这一会，我们又得到了新的消息：澳大利亚封国了。为了控制新冠病毒在不同国家间的传播，澳大利亚政府宣布暂停所有外国国籍人员从机场和港口进入澳大利亚。虽然考察队目前正在和澳大利亚官方进行沟通，但从霍巴特换乘飞机回国的方案很有可能行不通了。据新闻报道，霍巴特已经发现了几例新冠患者，在霍巴特转机对我们来说也有一定的风险。虽然在登船回国之前，爸爸要做的不是胡猜乱想，而是和其他叔叔们一道根据考察队的安排，在内陆考察出发基地整理、分类和统计考察物资和车辆配件，修理车辆，为下一次南极内陆考察做好准备。当然也要随时做好撤离准备，在接到通知后立即登船回国。不管什么时候能够回去，爸爸一定会安全健康地回到你们身边的。

时刻准备登船回国的爸爸

2月24日

我在世界尽头，见证我们的爱情

奇妙的飞鱼

亲爱的晨晨、阳阳：

"雪龙"号逐渐接近赤道地区了，天气一天天炎热了起来，今天爸爸脱掉了外套换上了 T 恤衫。在"雪龙"号船尾的直升机飞行甲板上，爸爸和叔叔们搭建了游泳池，从大海中抽取海水灌到里面，每天下午运动过后，爸爸有时会去里面游一下泳。晚饭过后，"雪龙"号中部的货仓甲板就变成了休闲广场，船员叔叔会拖来音响高声播放动感歌曲，这和咱们小区的湖边广场一样，很多队员会在上面散散步，看看海和夕阳。每天上午，爸爸很多时候会在三楼甲板的阴凉处放一把折叠椅，听着音乐，斜躺着，望望远处深蓝的大海和蓝天上的朵朵白云。

就在今天，爸爸第一次看到了飞鱼。可能是因为"雪龙"号惊扰到了它们，它们从船头和两边舷附近的海面跃起，在海面上方飞行一段距离后又钻进海里。飞鱼们飞行得很快，谁也不知道下一刻它们会从哪里飞起。虽然爸爸和叔叔们用相机追着它们的身影拍了很多照片，可惜大部分都不是很清晰。来南极之前，爸爸曾陪你们俩看过纪录片《蓝色星球》，你们当时都对这种会飞起来的奇妙海洋生物感到十分好奇。和纪录片上看到的不太一样，爸爸见到的飞鱼没有那么大，感觉从头到尾只有爸爸的巴掌大小，数量也很少，没有几百只一大群争先恐后从水面跃起，爸爸看到的最多也就十来条，远没有纪录片上那样壮观。

　　目前世界上发现的飞鱼有七个属四十几种，不过它们都属于飞鱼科，也就是说大海中有四十几种鱼都会飞哦！大自然真是很奇妙啊！比如，企鹅是鸟类，但不会飞，只会在水中游泳；飞鱼是鱼类却能在空中飞行。飞鱼的主要食物是浅层海水中的浮游生物，而海里的旗鱼、舰鱼和金枪鱼等稍微大一点的鱼类的食物是飞鱼。飞鱼的身材小，又没有尖刺或毒液防身，游泳也不够快，所以很容易就会被追上。好在飞鱼的胸鳍和腹鳍很大很长，展开时就像长了两对翅膀。当被天敌们盯上时，飞鱼们就相互通知"快跑"，快速摆动尾巴向着海面冲刺逃生。脱离水面时，飞鱼会迎着风展开鱼鳍，飞起来，这样才能成功地逃离"虎"口。

　　不过飞鱼的飞行和鸟儿完全不一样，鸟儿靠在空中上下扑打翅膀飞行，而飞鱼飞行的动力则主要来自它们的尾巴。飞鱼要想飞起来，先要在水中加速游动，积蓄足够的力量后，借助强有力的尾巴把自己弹出海面，再用宽大的胸鳍和腹鳍借助风力在空中滑翔。飞行一段时间，快要落水时，飞鱼又会左右扭动尾巴，再次把自己弹到空中，实现连续飞行。所以飞鱼飞行时，就像站在海面张开胳膊，不停地扭屁股，身后的海面被打出一串串浪花，你们可以想象一下这个搞笑的动作。

　　现在你们知道了吧，空中飞行对飞鱼来说并不是愉快的玩耍，而是为了生存，是迫不得已的。飞鱼的滑翔特技确实让它们摆脱了来自大海的大部分天敌，但它们在天上也并不安全。海鸥、燕鸥和鲣鸟等很多海鸟也会以飞鱼为食。这些海鸟的眼睛可锐利了，能够穿透表层海水看见在海面下游动的飞鱼，就等着飞鱼们从水中跃起，好将飞鱼一口衔入口中。你们俩猜猜，这时候飞鱼会怎么做？它们呀，可聪明了！只需要把"翅膀"一收，身体"扑通"一声就从空中掉进水里，海鸟们也就只能瞪瞪眼睛，无奈地飞走了。

> 　　好了，宝宝们，再有两周时间爸爸就能回到你们身边了。其实呀，在我们国家南部和东部的海域，特别是南海，就生活着很多种类的飞鱼。我们找机会去南海看飞鱼好不好？
>
> 看到飞鱼的爸爸
> 4 月 10 号

美轮美奂的
"蓝眼泪"

亲爱的晨晨、阳阳：

爸爸现在已经到祖国的东海咯，再过两三天就能见到你们两个了。妈妈说你们长大了很多，和半年前爸爸离开时变化很大，说话做事有时候就像一个小大人。希望你们没有变得更调皮呀！

现在是早晨，爸爸刚在餐厅吃完早饭，就迫不及待地开始给你们写信了。因为爸爸要给你们分享一件奇妙的事情。昨天晚上十一点多，很多叔叔都在楼下叫："快出来看，海里有蓝光！"原来啊，随着"雪龙"号在大海中穿行，船头和两舷激起的浪花上都在闪烁着蓝色的光芒。有人给这种美丽的现象起了一个非常好听的名字——"蓝眼泪"。之前新闻也多次报道，在我们国家东部和南部的很多海滩都出现过"蓝眼泪"，并且在沿海地区出现的范围不断扩张，出现的次数也逐渐增多。

虽然"蓝眼泪"很漂亮，美轮美奂，但它的频繁出现并不是一件好事情。"蓝眼泪"的出现是因为在大海中生活的一种生物——夜光藻。夜光藻是一种小小的、球形的单细胞生物，直径约有一毫米，你们俩一只手就可以抓住几百个。虽然它们个头很小，但和同类生物相比已经算是大身材了。和大海中其他的藻类不同，夜光藻不能吸收阳光进行光合作用从而产生营养，但却会自己吃东西。夜光藻的前端有两个小小的触手，能够把海水中的小型浮游植物和有机物颗粒送入自己口中，在细胞内形成食物泡进行消化，从而获取自己生存需要的营养。从这点上来看，夜光藻比其他藻类在生物学上进化得更高级一些，感觉更像是动物一点。

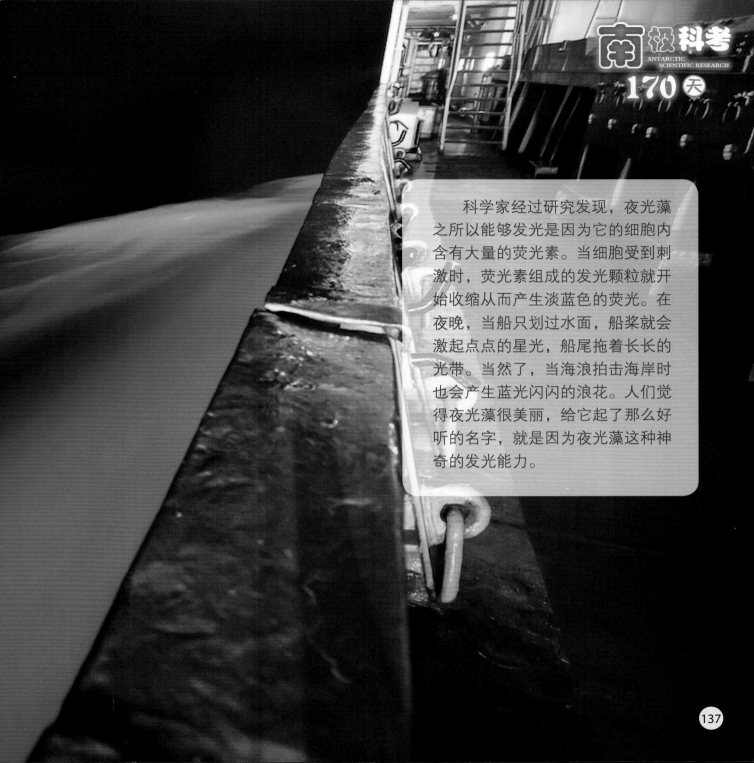

科学家经过研究发现，夜光藻之所以能够发光是因为它的细胞内含有大量的荧光素。当细胞受到刺激时，荧光素组成的发光颗粒就开始收缩从而产生淡蓝色的荧光。在夜晚，当船只划过水面，船桨就会激起点点的星光，船尾拖着长长的光带。当然了，当海浪拍击海岸时也会产生蓝光闪闪的浪花。人们觉得夜光藻很美丽，给它起了那么好听的名字，就是因为夜光藻这种神奇的发光能力。

从夜光藻的饮食结构上来看，海水里面的浮游植物和有机物颗粒越多，夜光藻就越多，"蓝眼泪"出现得就越频繁。这种情况，在生态学上有一个专属名词，叫"富营养化"。我们国家近海"蓝眼泪"越来越多就是大自然在告诉人类，大量的油脂、化肥被人类通过河流排入大海，大海已经被人类污染得越来越严重了，所以，也可以把夜光藻的多少作为判断生态环境好坏的一个指标。夜光藻虽然本身没毒，但它的大量繁殖会对海洋生态产生严重影响。如果海水中夜光藻太多，就易贴附在鱼鳃上，导致鱼儿窒息死亡。夜光藻死亡之后，细胞的分解过程会产生很多有害物质，海水会变得臭臭的，这也会危害其他生物的生存。所以啊，为了其他小动物的生存和我们自己更好的生活，我们一定要好好保护环境，从身边做起，从小事做起。上海现在正在推广垃圾分类，这是保护环境很重要的一步，你们俩有没有做到每天都严格分类投放呢？

爱护环境的爸爸

4 月 21 日

相见前的隔离生活

亲爱的晨晨、阳阳：

　　现在"雪龙"号和"雪龙2"号已经停靠在位于长江口的极地考察国内基地码头上了，向西南望去，繁华的城区映入眼帘。在长江的号一边，长兴岛上的江南造船厂还在忙碌，"雪龙2"号就是在那里建造完成的，再过几天"雪龙2"号又会回到那里进行保修。爸爸明天就能见到你们俩了，所以今天总是忍不住一直想象和你们分离半年后再次相见的样子。

今天早上，"雪龙"号和"雪龙2"号相继靠港，爸爸和叔叔阿姨们都穿好红色的队服早早地列队站在甲板和船舷上，和在码头上欢迎我们回国的同事挥手致谢。受新冠疫情的影响，爸爸和叔叔阿姨们都戴上了考察队分发的口罩。这些口罩是疫情初期"雪龙2"号在霍巴特靠港补给时采购的，不过它们的样子都长得怪怪的，戴在脸上，每个人都像是长出了一个大大的、扁扁的嘴巴。估计在设计这款口罩时，设计师脑袋里想的是家乡的鸭嘴兽吧。

　　早饭过后，东方医院的医生和海关管理人员陆续登船，为爸爸和叔叔阿姨们办理流行病学调查、核酸检测和入关手续。核酸检测真难受啊，医生将棉签伸到鼻腔和口腔里面旋转，刮拭黏膜取出样本。采样过程中鼻子里又酸又疼，爸爸酸得眼泪直流。这时爸爸想到了阳阳做鼻腔镜检查的情形，当时爸爸认为鼻腔检查并不太难受，还奇怪一直很坚强的阳阳怎么又哭又闹的，今天爸爸才算体会到了阳阳当时的感受。采样过后，医生会把样本带回实验室化验，检查里面是否含有新冠病毒的遗传信息，也就是核酸。现在核酸检测速度很快，明天早上所有队员的检查结果出来后，爸爸就能回家和你们团聚了。

　　在电话中，爸爸听到你们说要讲卫生、勤洗手就不会感染新冠病毒，这是非常好的习惯哦。病毒也是地球上的一类生物，不过病毒很小很小，小到你们的玩具显微镜都看不到。其实用世界上分辨率最高的光学显微镜都看不到病毒的模样，要想看清楚病毒的样子，需要使用更高级电子显微镜才行。我们看到的动物、植物，还有看不到的细菌，不管长得多么大或者多么小，都是由一个个的细胞组成的。而病毒和它们完全不一样，病毒的结构非常简单，只由一个蛋白质外壳和住在里面的核酸分子构成。今天做的核酸检测就是检查爸爸的口水和鼻涕中是否含有新冠病毒的核酸分子。

　　你们俩可知道新冠病毒长什么样？从电子显微镜上看，它就像一个小皮球上插着很多大头钉。钉帽就是新冠病毒的"冠"，很像古代国王头上戴的皇冠。新冠病毒名字中有个"新"是因为这是人们第一次见到这种病毒，之前并不知道它的存在。

　　其实，在我们的身边，生活着各种各样的病毒。虽然我们一直看不见它们，但它们每时每刻都想进入我们的身体捣蛋。我们的皮肤会像城堡的墙壁一样把多数病毒阻挡在外，但还是会有一些病毒通过我们的嘴巴、鼻子、眼睛进入我们的身体，所以千万不可以用小脏手擦嘴巴鼻子和揉眼睛哟。不过就算有病毒进入身体，也不用太过害怕。我们的体内有很多"警察"（也就是白细胞，或者叫免疫细胞）在时刻巡逻，一旦发现病毒就会马上召集小伙伴把病毒消灭。你们俩感冒发烧时，医生阿姨会从你们手指尖取一滴血，检查看看是不是白细胞增多了，如果白细胞增多，就很可能是被流感病毒感染了。流感病毒往往只侵袭人的鼻腔、咽喉等上呼吸道，而这次疫情的新冠病毒能够同时感染上呼吸道和肺部的肺泡，有很强传染性的同时更具危害性。幸运的是，病毒在侵入细胞之前什么都做不了，既不能生长，也不能繁殖，甚至连动都不会动，一切行动完全依赖于外力。所以只要做好防护，不要让新冠病毒进入身体就可以保证我们的健康。你们明天来码头接爸爸回家时，一定要戴好口罩哟！

明天就要见到你们俩了，所以这是爸爸这次南极之行给你们写的最后一封信咯。如果你们还想了解爸爸在南极看到的、遇到的有趣的事情，爸爸可以当面讲给你们听。不过，爸爸更希望你们长大之后能自己前往南极、北极，甚至太空等好多好多你们感兴趣的地方，去探索世界。但在长大之前，书籍就是你们的脚、你们的眼睛，你们可以先通过多多读书去认识世界、了解世界。

变成鸭嘴兽的爸爸
4 月 22 日